尚波 ／著

性格影响力

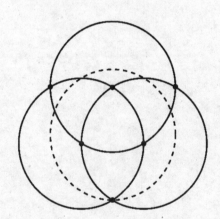

中国华侨出版社
北 京

前 言

性格对我们的人生有着奇妙的作用，古往今来的故事及我们周围的人，甚至包括我们自己在内都得到了强有力的见证，而且这样的例子已经是屡见不鲜了。就我们个人而言，要想取得成功和完美人生，第一步便应该是了解自己。早在几千年前，古希腊哲学家苏格拉底就说过："人啊，认识你自己！"而认识自己在很大程度上就是认识到自己的性格，进而对自身的性格进行取长补短，不断地完善自我，让良好的性格在人生的道路上助自己一臂之力，帮助自己取得成功。

对于每一个人来说，良好的性格能够促使其事业成功，能够给其生活带来幸福和快乐；而不良的性格则会阻碍人的成功，阻挡人收获自己的美满生活。事实上，个人的成功和幸福除与财富、名誉、社会地位和声望等息息相关之外，积极的心态、高贵的品格、快乐的心情，也占据着重要的位置，而且这些是金钱所无法衡量的。然而，任何人都没有完美无缺的性格。性格是在不知不觉中养成的，每种性格都有其长处与短处，每种性格决定了一个人适合在这个方面做事，而不适合在那个领域发展；决定了一个人一生的命运。性格本身没有正确与错误之分。一味地弥补性格缺陷的人，只能将自己变得平庸；而发挥性格优势的人，才能够使自己出类拔萃。关键在于如何发挥自己性格的优势。

成也性格，败也性格。狭隘、懦弱、贪婪、自私、自负、多疑、孤僻、自闭，这些性格特征毫无疑问是人们众多苦难的根源，是人们深陷泥潭的原因，是人们无法前进的祸首。而自信、刚毅、诚信、善思、进取、谦逊等性格特征则是人们追求梦想的强大助推器，是人们忘我奋斗和登上巅峰的保证。这不得不让我们真正重视起来，重新审视自身的性格。本书正是以为每一个人的成功提供帮助和借鉴为宗旨，从性格定义、性格特征、性格类型、影响性格的因素、性格对人的前途命运的影响等多个角度，对性格内涵做了深入挖掘，从理论和实践两方面，全面而深入地阐述性格对人生的巨大影响力，以期帮助读者认识并掌握自己的性格，从而扬长避短，最大限度地发挥自己的潜能，高效开展工作、事业，经营生活、婚姻、家庭，彻底改变自己的命运，创造和谐圆满的人生，获得成功和幸福。

带着好奇和问题阅读本书，开始你的一次重新认识自我的旅程。你将会找到决定你人生的金钥匙，发现让你走向成功的法宝。

目录

第二章　**你的性格就是你的职场风水**
　　　　—— 性格决定你的职业选择

第一章

性格影响力

——成就自我与影响他人的奥秘

你的性格决定你的命运

怎样的性格决定怎样的命运

约翰·梅杰被称为英国的"平民首相"。这位笔锋犀利的政治家是白手起家的一个典型。他是一位杂技师的儿子，16岁时就离开了学校。他曾因算术不及格未能当上公共汽车售票员，饱尝失业之苦。但这并没有击倒年轻的梅杰，这位信心十足、具有坚强毅力的小伙子终于靠自己的努力战胜了困境。经过外交大臣、财政大臣等8个政府职务的锻炼，他终于当上了首相，登上了英国的权力之巅。有趣的是，他也是英国唯一领取过失业救济金的首相。

约翰·梅杰这种不屈不挠、自信坚强的性格，最终让他凭着自己的努力，从一个领救济金的人成为英国的首相。

在我们的生活中，还有一个活生生的例子，那就是感动过无数人的张海迪。她之所以能感动无数人，不仅仅因为她的成就，还因为她是一个残疾人。

多年以来，曾动过3次大手术，摘除了6块椎板，严重高位截瘫，自第二胸椎以下全部失去知觉的张海迪，以保尔·柯察金的英雄形象鼓舞自己，凭惊人的毅力忍受着常人难以想象的痛苦，同病残作顽强的斗争，同时勤奋地学习，忘我地工作。她自修了小学、中学的主要课程，自学了英语、日语、德语等，翻译了近20万字的外文著作和资料。她还自学了针灸，并阅读了大量的医学专著，免费为病人诊断疾病。她1992年获得中国作家协会庄重文学奖，1993年获吉林大学哲学硕士学位，1994年获得全国奋发文明进步图书奖长篇小说一等奖。

对于一个残疾人来说，能取得比很多正常人更大的成就，靠的就是性格带给她的力量。

好的性格能让人不管是在顺境还是在逆境中都能积极面对，并且不懈地努力，最终取得成功。相反，不良的性格往往会在关键时刻毁掉一个人的一生，进而造成悲剧性的结局。

韩信虽为一代名将，其性格却优柔怯懦。胯下之辱虽说明了他的忍，同时也说明了他的怯懦，倘若不是如此，他就不会惧怕刘邦，而会果断地反刘自立。

韩信其实不能忍，母亲的几句话，他就容忍不下，羞惭得无地自容，倘若能忍，何至于此？正因如此，开国之后，刘邦对他一贬再贬，他便忍耐不住了，怨声连连。倘若他真能忍住，断不会招来杀身之祸。

韩信不敢反，又不愿忍，从而形成了他优柔寡断的性格，他在优柔寡断中失去了一次又一次的机会。

　　也许，对于优柔寡断性格的韩信来说，最理想的行为方式，就是让别人先反，自己在一旁优柔地观看，败则与己无关，胜则乘势而起。韩信确实这样做了，他让陈豨起兵，自己则优柔观望。然而，刘邦和吕后却不优柔，他们快刀斩乱麻地处决了韩信。

　　韩信在优柔寡断中被杀。其实他并没有真反，而只是在犹豫，他是被硬拉上刑场的；我们不知是否直到临死的那一刻，他才真正不再优柔寡断。

　　在历史上，因性格上的缺陷而毁掉大好前程的又何止韩信一个人呢？中国历史上第一位集大学者、大权谋家、大政治家于一身的李斯，作为秦国丞相曾经大红大紫、权倾一时，但最终他被腰斩于咸阳街头，全家老少都被杀害。李斯的一生是秦国政治的真实写照，也是他自身个性特征的体现和结果。

　　李斯出生于战国末年，是楚国上蔡人。少年时家境贫寒，年轻时曾经做过掌管文书的小官。

　　有一天，李斯上厕所，看到老鼠偷粪吃，老鼠又小又瘦，见人来就惊慌逃窜。过了不久，李斯又在国家的粮仓里看到老鼠在偷米吃，这些老鼠又肥又大，看见人来，不但不逃避，反而瞪着眼很神气的样子。李斯觉得很奇怪，仔细一想，他悟出一个道理：又瘦又小见人就逃的老鼠，是无所凭借；而又肥又大见人不逃避的米仓老鼠是有所凭借而已。

为了能做官仓里的老鼠，求得荣华富贵，李斯辞去了小吏的职务，前往齐国，去拜当时著名的儒家学者荀子为师。李斯十分勤奋，同荀子一起研究"帝王之术"，即怎样治理国家、怎样当官的学问。学成之后，他便辞别荀子，到秦国去了。由于李斯才华横溢，并且提出了许多治理国家的好建议，很快得到了秦始皇的重用。

　　韩非是李斯的同学，他们同在荀子门下求学。韩非著作极丰，秦王感叹道："我若能见到此人，和他交游，死而无憾。"

　　后来韩国在国势危急之际，起用韩非，让他出使秦国。李斯知道韩非的才能在自己之上，出于嫉妒，他对秦王说："韩非是韩王的亲族，爱韩不爱秦，这是人之常理。"

　　秦王说："既然不能用，那就放走吧！"

　　李斯希望赶尽杀绝，他对秦王说："如果放他回韩国，他定会为韩王出谋划策，对秦国十分不利，不如在他羽翼未满之时将他杀掉。"

　　秦王听信了李斯的话，赐给韩非毒药，令他自尽，就这样，李斯除掉了他的对手。

　　而后，秦王统一了中国，李斯也升为丞相，职位越来越高，权势也越来越大。

　　公元前210年，秦始皇病逝，以赵高为首的旧贵族意欲立胡亥为帝。而要立胡亥为帝，就必须通过李斯，李斯身为丞相，掌握着最高权力，没有李斯的同意，胡亥是当不了皇帝的。当时，朝廷内部李斯是可以揭露赵高、粉碎其篡位阴谋的唯一的人。但是，由于李斯软弱、妥协，更是因为他希望保住他的荣华富贵，他没有这样做。

为了让胡亥上台，赵高抓住李斯的弱点，用高官厚禄去引诱李斯，而李斯过于贪恋"富贵极矣"的社会地位，总想保全已经到手的既得利益，所以面对赵高的威胁和引诱，他听信了赵高，对赵高的阴谋未进行及时的揭露和制止。

胡亥继位以后，赵高便开始陷害李斯，最后使忍无可忍的李斯到秦二世面前揭露赵高的罪行，但秦二世非常信任赵高，并告诉了赵高。赵高进一步诋毁李斯："李斯最嫉恨的就是我，我一死，他就可以谋反了。"秦二世听后，立即把李斯逮捕入狱，并派赵高负责审讯。

李斯被套上刑具，关进了监狱，并受严刑拷打、百般折磨，他忍受不了痛苦，只好供认了"谋反"的"罪行"。经过10余次的审讯，李斯被打得死去活来。后来，李斯被判处死刑。

李斯的悲剧结局，固然与当时的局势有关，但也与他的个性不无关联。他的老鼠哲学，注定他是一个贪婪的人。为了自己的荣华富贵，他可以除掉他的同学韩非，甚至不惜帮助赵高实施阴谋，最终落入了赵高的陷阱，落得身首异处的可悲下场。一切的结局可谓是咎由自取，怪不了别人。

用性格来改变你的人生

　　心理学研究表明，一个人性格的好与坏在很大程度上对其事业、家庭生活、人际关系起着决定性的作用。健全的性格是事业成功的基础、家庭幸福的根基、人际关系良好的基石。21世纪是文化科技高速发展的时代，健全的性格是通向成功的护身符。

　　心理学家曾一再告诫世人：改善你的性格，健全你的性格，扼住命运的咽喉，做命运的主人。要改善自己的性格、健全自己的性格，前提是要认识自己的性格，找到自己性格中尚存在的缺陷，对症下药，为明天的成功铺一块基石。

　　欧玛尔是英国历史上著名的剑术高手，他有一个实力相当的对手，两个人互相挑战了30年，却一直难分胜负。有一次，两个人正在决斗的时候，欧玛尔的对手不小心从马上摔了下来，欧玛尔看见机会来了，立刻拿着剑从马上跳到对手身边，这时只要一剑刺去，欧玛尔就能赢得这场比赛了。欧玛尔的对手眼看着自己就要输了，因此感到非常愤怒，情急之下便朝欧玛尔的脸上吐了一口口水，这不但是为了表达自己的怒气，也是为了羞辱欧玛尔。没想到欧玛尔在脸上被吐了口水之后，反而停下来对他的对手说："你起来，我们明天再继续这场决斗。"欧玛尔的对手面对这个突如其来的举动，感到相当诧异，一时间有点不知所措。

　　欧玛尔向这位缠斗了30年的对手说："这30年来，我一直训练自己，让自己不带一丝一毫的怒气作战，因此，我才能在决斗中保持冷静，并且立于不败之地。刚才，在你向我吐口水的那一瞬间，我知道自己生气了，要是在这个时候杀死你，我一点都不会有获得胜利的感觉。所以，我们的决斗明天再进行。"

可是，这场决斗却再也没有进行。因为，欧玛尔的对手从此以后变成了他的学生，他也想学会如何不带着怒气作战。

试想，如果当初欧玛尔因对手的那口口水而一剑刺向对手，那么，他肯定成不了历史上著名的剑术高手，他的剑术也会因他易怒的性格而大打折扣。所幸的是，他平时在改变自己易怒的性格所做的努力最终让他不仅赢得了胜利和荣誉，更赢得了对手的友谊。

改变性格所带来的除了技艺的精湛和人际关系的和谐，还能带来意想不到的商机，狮王牙刷公司的加藤信三便是很好的例子：

加藤信三是日本狮王牙刷公司的小职员。起床后，他匆匆忙忙地洗脸、刷牙，不料，急忙中出了一些小乱子，牙龈被刷出血来！加藤信三不由火冒三丈。因为刷牙时牙龈出血的情况已不止一次发生了。他本想到公司技术部大发一通脾气，但走到半路上，他努力让自己的怒火平息下来，并开始回想自己刷牙的过程，才发现自己一直都太急躁，但同时加藤信三发现了一个为常人所忽略的细节：他在放大镜下看到，牙刷毛的顶端由于机器切割，都呈锐利的直角。"如果通过一道工序，把这些直角都磨成圆角，那么问题就完全解决了！"于是，加藤信三一改往日的急躁、粗心，在一次次试验后终于把新产品的样品正式向公司提出。公司很乐意改进自己的产品，迅速投入资金，把全部牙刷毛的顶端改成了圆角。

改进后的狮王牌牙刷很快受到了广大顾客的欢迎。对公司做出巨大贡献的加藤信三从普通职员晋升为科长，十几年后成为了公司董事长。

完善性格成就完美人生

性格如一个万花筒，又像天上的彩虹。一个人拥有怎样的人生态度，就拥有怎样的人生。在我们走过的春秋里，有风有雨有阳光，也走过了浮华。

都说"性格决定命运"，有人说播种思想，收获行为；播种行为，收获习惯；播种习惯，收获性格；播种性格，收获命运。如同做一件事，如果你改变自己的观念，改变自己的习惯，就能改变自己的看法，进而改变最终的结果。

人的性格的形成是由多方面因素构成的，是先天禀赋和后天环境的双重影响下形成的。先天禀赋是基础，后天环境是条件，二者相互影响和渗透，形成了一个人的性格。

性格即人生，如果你的性格是健康的，你的人生也会是快乐的、幸福的、圆满的。如果你的性格是不健康的，那么你的人生也会是痛苦的、缺失的、忧伤的。命运不是天注定，而是种种的因与果，而影响因果的正是日常不注意的性格，如果改变了不良的性格，相当于改变了命运。在不断的成长过程中，通过对人生的观察与认知去完善性格，让它向着规划的方向去发展。

性格决定人生的成败，不容我们忽视。在性格的支配下，如果没有意外发生，性格就决定了我们要走哪一条路、过哪一种生活。然而，每个人必须坦诚地面对自己的内心，只有让内心得到释放，才能获得无比的快乐，觉得自由，甚至连呼吸的空气都有幸福的味道。

每个人要做到知己知彼，既要了解自己的性格，又要了解他人的性格，当出现矛盾或者不如意时（可能都不是故意的，而是由性格导致的），要做到相互理解，多原谅别人，多从自己身上找原因，多学习别人的长处，克服自己的不足。这样才能和谐相处，不断提高自己，完善自我，使自己更加完美。

没有哪种人生是绝对完美的，但内心的幸福由自己决定。在我们奋斗的进程中，始终闪现着性格的痕迹。面对这个纷繁复杂、充满诱惑的世界，保持心理平衡、心态平稳、心境平和就成为生活的艺术。一个人短暂的一生也可看作一种瞬间的永恒，平衡即永恒！平衡点就在自己的心中！冷眼看世界，热心过人生，这就是人生的信条。

性格似枝，运气如叶，枝繁则叶茂

"我运气不好""我没有机遇""要是我有好运气就好了"……这是很多人经常挂在嘴边的话。的确，成功需要好运气。那么到底什么是运气？运气到底属于哪些人？怎么来增加自己的运气？所谓的"运气"，生活中随处可见，随时都有，例如遇到一个好的机会，接收到一个好的信息，认识一个好的朋友，吃到一道美餐，看到一本好书，听到一首好歌，这些都是好运气。但为什么如此常见的运气，有的人能时常碰到，有的人却碰不到呢？

好运气就是机遇。人生的奇妙在于，一个偶然的人、一句偶然的话、一个偶然的信息都可以改变人一生的命运。

麦克是纽约城的一名出租车司机，他一直记得这样一件事：那是一个阳光明媚的春天的早晨，麦克正在路上开着车，耐心地寻找着乘客。这时，他看到一位衣着考究的男人，从街对面的医院出来，向他招手，要搭他的车。

"请带我去加西亚机场。"乘客说。和平时一样，为了排解车上的寂寞，麦克和他聊了起来。乘客的开场白很普通："你喜欢开出租车吗？"

这是一个很俗套的问题，麦克便给他一个俗套的回答："还好，我做这个挣钱，有时还能遇到一些有趣的顾客。但如果我能得到一份周薪100美元以上的职业的话，我就不开出租车了。"

"哦。"他答应了一声。

"你是干什么的？"麦克问他。

"我在纽约医院神经科上班。"乘客说。

麦克和乘客稍稍聊了几句，出租车就已经离机场不远了，麦克想起了一件事，试着想请这位乘客帮个忙。"我能否再问你一些问题？"麦克说，"我有一个儿子，15岁，是个好孩子。他在学校里功课很好。我们想让他今年暑假去夏令营，但他想要一份工作。而现在人们不会雇用一个15岁的孩子，除非他有一个经济担保人——而我却做不到。"麦克停顿了一下说："如果可能的话，我想请您给他找一份暑期打工的职业，好满足他的愿望。"

这位乘客听了，沉默着，没有说话，于是麦克感到对一个陌生人提这样的要求，似乎有些欠妥。可是，过了一会儿，乘客对麦克说："医院里有一份差使，现在正缺一个人。也许他去很合适，让他把学校的记录寄给我。"

说着，他把手伸进口袋，想找一张名片，但却没有找到。"你有纸吗？"他问。

麦克撕了一张纸给他，他在上面写了些什么，然后付了车费走了。后来，麦克再也没有见到过他。

那天晚上，麦克全家围坐在餐桌旁，麦克从衬衣口袋里掏出了那张纸。"罗比，"麦克兴高采烈地对他说，"你可能找到工作了。"儿子接过纸，大声地念着："弗雷德·布朗，纽约医院。"

妻子问："他是一名医生吗？"

女儿接着问："他是个好人吗？"

儿子也疑惑地说："他不是开玩笑吧？"

第二天早上，罗比寄去了他的学校记录。过了几天，也没有回音，渐渐地麦克一家也就将这件事淡忘了。

两个星期后，当麦克下班回家时，儿子高兴地迎着他，给他看一封信。信的开头是这样写的："弗雷德·布朗，神经科主任医师，纽约医院。"信上要求罗比打电话给布朗医生的秘书，约好时间去面试。

最后，罗比终于得到了那份工作。周薪是40美元。他愉快地度过了那个难忘的暑假。第二年夏天，他再次去这家医院工作。这一次的工作要比打扫房间、做清洁卫生的杂工复杂多了。到了第三年，他又去了那家医院上班。渐渐地，他爱上了医护这份职业，干得相当出色。

后来，罗比考取了纽约医科大学。他的学习成绩很好，毕业后，他拥有了自己的私人诊所。麦克全家——包括罗比自己在内，都没有想到，就因为当年到医院里去做了几年杂工，培养了他一生对医护工作的兴趣，并且一帆风顺地取得了好成绩，获得了事业的成功。

看完上述故事，也许会有人说，麦克一家运气真好。这件事告诉我们，每个人的一生中都会遇到好机会。不过，好机会往往源于很普通的事情，即使普通得只是发生在出租车上的一次谈话。在这个故事中，正是麦克健谈外向的性格帮助儿子开启了不一样的未来。

好性格是成就一生的资本

自信是开启人生成功之门的金钥匙

既然别人无法完全模仿你，也不一定做得来你能做得了的事，试想，他们怎么可能给你更好的意见？他们又怎能取代你的位置，来替你做些什么呢？所以，这时你不相信自己，又有谁可以相信？

坚强的自信，常常使一些平常人也能够成就神奇的事业，成就那些天分高、能力强但多虑、胆小、没有自信心的人所不敢尝试的事业。

你的成就大小，往往不会超出你自信心的大小。假如拿破仑没有自信的话，他的军队不会越过阿尔卑斯山。同样，假如你对自己的能力没有足够的自信，你也不能成就成功的事业。不企求成功、期待成功而能取得成功，是绝不可能的。成功的先决条件，就是自信。

自信心是比金钱、权势、家世、亲友等更有用的条件。它是人生可靠的资本，能使人努力克服困难，排除障碍，去争取胜利。对于事业的成功，它比任何东西都更有效。

假如我们去研究、分析一些有成就的人的奋斗史，我们可以看到，他们在起步时，一定有充分信任自己能力的坚强自信心。他们的意志，坚定到任何困难险阻都不足以使他们怀疑、恐惧，他们也就能所向无敌了。

我们应该有"天生我材必有用"的自信，明白自己立于世，必定有不同于别人的个性和特色，如果我们不能充分发挥并表现自己的个性，这对于世界、对于自己都是一个损失。这种意识，一定可以使我们产生坚定的自信并助我们成功。

然而，没有人天生自信，自信心是志向、是经验、是由日积月累的成功哺育而成的。它来自经验和成功，又对成功起极大的推动作用。

也正因为自信并非天生，所以，自信可以从家庭中逐渐灌输，或是自我培养。有些人认为成功者对自己的信心比较强，其实不见得。没有一个成功者不曾感到过恐惧、忧虑，只是他们在恐惧时，都有办法克服恐惧感。成功者有办法提升自己的自信。成功者知道如何克服恐惧、忧虑，第一个方法就是唤起内心的自信。

成功者也并不是都能够击败恐惧与忧虑的，但是重要的是他们能够建立自信。一个阶段成功之后，接着才能想象下一个阶段。随着成功的不断累积，自信就会成为你性格的一部分。

幼时父母双亡的 19 世纪英国诗人济慈，一生贫困，备受文艺批评家抨击，恋爱失败，身染痨病，26岁即去世。但济慈一生虽然潦倒不堪，却从来没有向困难屈服过。他在少年时代读到斯宾塞的《仙后》之后，就认定自己也注定要成为诗人。他说："我想，我死后可以跻身于英国诗人之列。"济慈一生致力于这个目标，并最终成为一位著名的诗人。

相信自己能够成功，成功的可能性就会大为增加。如果自己心里认定会失败，就很难获得成功。没有自信、没有目标，你就会俯仰由人，终将默默无闻。

由此可知，自信对于一个人来说是多么重要，而它对于我们人生的作用也是多元而重要的，这主要表现在：

（1）自信心可以排除干扰，使人在积极肯定的心态支配下产生力量，这种力量能推动我们去思考、去创造、去行动，从而完成我们的使命，促成我们成功。

（2）面对物欲横流的世界，面对许多不确定的因素，有信心的人，能坚守自己的理想、信念而不动摇，从而按自己的心愿，找到通向成功和卓越的道路。

（3）信心赢得人缘。信心可以感染他人，一方面激发他人对你的认可，另一方面使更多的人获得信心。这样就容易赢得他人的好感，具有良好的人缘。而好人缘，是人生的一大财富。

从古至今，人们出于创造更美好生活的目的，对人的信心抱着崇高的期望。自信心的力量是巨大的，是追求成功者的有力武器。信心是成功的秘诀。拿破仑·希尔说："我成功，因为我志在战斗。"

不论一个人的天资如何、能力怎样，他事业上的成就，总不会超过其自信所能达到的高度。如果拿破仑在率领军队越过阿尔卑斯山的时候，只是坐着说："我们是很难翻过这座山的。"无疑，拿破仑的军队永远不会越过那座高山。所以，无论做什么事，坚定不移的自信心，都是通往成功之门的金钥匙。

自信比金钱、势力、出身、亲友更有力量，是人们从事任何事业的最可靠的资本。自信能排除各种障碍、克服种种困难，能使事业获得成功。有的人最初对自己有一个恰当的估计，自信能够取得胜利，但是一经挫折，他们却又半途而废，这是因为他们自信心不坚定的缘故。所以，树立了自信心，还要使自信心变得坚定，这样即使遇到挫折，也能不屈不挠、向前进取，不会因为一时的困难而放弃。

那些成就伟大事业的卓越人物在开始做事之前，总是会具有充分信任自己能力的坚定的自信心，深信所从事之事业必能成功。这样，在做事时他们就能付出全部精力，破除一切艰难险阻，直达成功的彼岸。

美国有一位身高仅 1.60 米的篮球运动员，他就是蒂尼·博格斯——NBA（National Basketball Association 美国全国篮球协会）最矮的球星。博格斯这么矮，怎么能在巨人如林的篮球场上竞技，并且跻身大名鼎鼎的 NBA 球星之列呢？这是因为博格斯的自信。

博格斯从小就喜爱篮球，可因长得矮小，伙伴们都瞧不起他。有一天，他很伤心地问妈妈："妈妈，我还能长高吗？"妈妈鼓励他："孩子，你能长高，长得很高很高，会成为人人都知道的大球星。"从此，长高的梦像天上的云在他心里飘动，每时每刻都在闪烁着希望的火花。

"业余球星"的生活即将结束，博格斯面临着更严峻的考验——1.60米的身高能打好职业赛吗？

博格斯横下一条心，要靠1.60米的身高闯天下。"别人说我矮，反而成了我的动力，我偏要证明矮个子也能做大事情。"在威克·福莱斯特大学和华盛顿奇才队的赛场上，人们看到博格斯简直就是个"地滚虎"，从下方来的球90%都被他收走，他越是个儿矮越是飞速地低运球过人……

后来，博格斯进入了黄蜂队（当时名列NBA第3），在他的一份技术分析表上写着：投篮命中率50%，罚球命中率90%……

一份杂志专门为他撰文，说他个人技术好，发挥了矮个子重心低的特长，成为一名使对手害怕的断球能手。许多广告商推出了"矮球星"的照片，上面是博格斯淳朴的微笑。

他曾多次被评为该队的最佳球员。

博格斯至今还记得当年他妈妈鼓励他的话，虽然他没有长得很高很高，但可以告慰妈妈的是，他已经成为人人都知道的大明星了。

后来，这位球星说，他要写一本传记，主要是想告诉人们："要相信自己，只有相信自己，才能成功。"

这个故事告诉我们，名人也不是完美的，他们也不是生来就是自信的，他们也有不自信的时候，但是，他们的成功在于他们不断地磨炼和提升了自己的自信。因此，只有把自信深深扎根于我们心中，才能更好地利用自信。那么，我们应该如何来培养自己的自信呢？

（1）建立自信，首先要了解自己，认识自己，根据自身的条件和现实环境，使自己的长处得到发挥。

（2）不论什么集会，都要鼓足勇气，坐到最前排。

（3）当别人和自己说话时，要正视对方的眼睛，要让对方感觉到你们是平等的，你有信心赢得他的敬重。

（4）通过提高自己走路的速度，来改变自己的心情。

（5）养成主动与别人说话的习惯来增强自己的自信心。

（6）经常默读"有志者事竟成"，"积少成多，聚沙成塔"，"黑暗中总有一线光明"等励志的谚语，增强自己的自信心。

（7）经常放声大笑。

乐观的性格让你笑对人生风云

人生如同一只在大海中航行的帆船，掌握帆船的航向与命运的舵手便是自己。有的帆船能够乘风破浪、逆水行舟，而有的却经不住风浪的考验，过早地离开大海，或是被大海无情地吞噬。之所以会有如此大的差别，不在别的，而是因为舵手对待生活的态度不同。前者被乐观主宰，即使在浪尖上也不忘微笑；后者是悲观的信徒，即使起一点风也会让其胆战心惊，祈祷好几天。一个人或是面对生活闲庭信步，抑或是消极被动地忍受人生的凄风苦雨，都取决于对待生活的态度。

生活如同一面镜子，你对它笑，它就对你笑；你对它哭，它也以哭脸相示。

一个人快乐与否，不在于他处于何种境地，而在于他是否持有一颗乐观的心。对于同一轮明月，在泪眼蒙眬的柳永那里就是："杨柳岸，晓风残月。此去经年，应是良辰好景虚设。"而到了潇洒飘逸、意气风发的苏轼那里，便又成为："但愿人长久，千里共婵娟。"同是一轮明月，在不同心态的人眼里，便是不同的，人生也是如此。

上天不会给我们快乐，也不会给我们痛苦，它只会给我们生活的作料，调出什么味道的人生，那只能看我们自己。你可以选择从一个快乐的角度去看待它，也可以选择从一个痛苦的角度去看待它。同做饭一样，你可以做成苦的，也可以做成甜的。所以，你的生活是笑声不断，还是愁容满面；是披荆斩棘、勇往直前，还是缩手缩脚、停滞不前，这不在他人，都在你自己。

一个人如果心态积极，乐观地面对人生，乐观地接受挑战和应对麻烦事，那他就成功了一半。

在人生的旅途上，我们必须以乐观的态度去面对失败。因为在人生之路上，一帆风顺者少，曲折坎坷者多，成功是由无数次失败构成的，正如美国通用电气公司创始人沃特所说："通向成功的路就是把你失败的次数增加一倍。"但失败对人毕竟是一种"负性刺激"，总会使人产生不愉快、沮丧、自卑。那么，如何面对、如何自我解脱，就成为能否战胜自卑、走向自信的关键。

面对挫折和失败，唯有乐观积极的心态，才是正确的选择。其一，做到坚韧不拔，不因挫折而放弃追求；其二，注意调整、降低原先脱离实际的"目标"，及时改变策略；其三，用"局部成功"来激励自己；其四，采用自我心理调适法，提高心理承受能力。

既然乐观的性格对于我们每一个人来说是如此重要，那么，我们更应该注意加强对乐观心态的培养：

（1）要心怀必胜、积极的想法

当我们开始运用积极的心态并把自己看成成功者时，我们就开始成功了。但我们绝不能仅仅因为播下了几粒积极乐观的种子，然后指望不劳而获，我们必须不断给这些种子浇水，给幼苗培土施肥，才会收获成功的人生。

（2）用美好的感觉、信心与目标去影响别人

随着你的行动与心态日渐积极，你就会慢慢获得一种美满人生的感觉，信心日增，人生的目标会越来越清晰，而别人也会被你所吸引，进而被你所影响。

（3）学会微笑

微笑是上帝赐给人类的专利，微笑是一种令人愉悦的表情。

面对一个微笑着的人，你会油然感到他的自信、友好，同时这种自信和友好也会感染你，使你也油然而生出自信和友好来，使你和对方亲切起来。微笑可以鼓舞对方，可以融化人与人之间的陌生和隔阂。

永远也不要消极地认为什么事都是不可能的。首先你要认为你能，然后去尝试、再尝试，最后你发现你确实能。所以，把"不可能"从你的字典里去掉，把你心中的这个观念铲除掉。谈话中不提它，想法中排除它，态度中去掉它、抛弃它，不再为它提供理由，不再为它寻找借口，用"可能"代替它。

（4）经常使用自动提示语

积极心态的自动提示语不是固定的，只要能激励我们积极思考、积极行动的词语，都可以成为自我提示语。经常使用这种自我激发行动的语句，并融入自己的身心，就可以保持积极心态，抑制消极心态，形成强大的动力，进而达到成功的目的。

坚韧的人才能站得比别人更高

唯有坚韧不拔才能克服任何困难。一个人有了持久心，谁都会对他赋予完全的信任；有了持久心的人到处都会获得别人的帮助。对于那些做事三心二意、无精打采的人，谁都不愿信任或援助他们，因为大家都知道他们做事靠不住。

探究一些人失败的原因，并不是他们没有能力、没有诚心、没有希望，而是因为他们没有坚韧不拔的持久心，这种人做起事来往往有头无尾，东拼西凑。他们怀疑自己是否能够成功，永远决定不了自己究竟要做哪一件事，有时他们看好了一种工作，以为绝对有成功的把握，但中途又觉得还是另一种工作比较妥当顺利。这种人到头来总是以失败告终，对他们所做的事不仅别人不敢担保，而且连他们自己也毫无把握。他们有时对目前的位置心满意足，但不久又产生种种不满的情绪。

坚韧，是克服一切困难的保障，它可以帮助人们成就一切事情，达到理想。

有了坚韧，人们在遇到大灾祸、大困苦的时候，就不会无所适从；在各种困难和打击面前，仍能顽强地生活下去。世界上没有其他东西，可以代替坚韧。它是唯一的，不可缺少的。

坚韧，是所有成就大事业的人的共同特征。他们中有的人或许没有受过高等教育，或许有其他弱点和缺陷，但他们一定都是坚韧不拔的人。劳苦不足以让他们灰心，困难不能让他们丧志。不管遇到什么曲折，他们都会坚持、忍耐。

以坚韧为资本去从事事业的人，他们所取得的成功，比以金钱为资本的人更大。许多人做事有始无终，就因为他们没有充分的坚韧力，他们无法达到最终的目的。然而，一个成功的人，一个有坚韧力的人却绝非这样。他不管任何情形，总是不肯放弃、不肯停止，而在再次失败之后，会含笑而起，以更大的决心和勇气继续前进。他不知失败为何物。

做任何事，是否不达目的不罢休，这是检测一个人品格的标准。坚韧是一种极为可贵的德性。许多人在情形顺利时肯随大众向前，也肯努力奋斗。但当大家都退出，都已后退时，还能够独自一人孤军奋战的人，才是难能可贵的。这需要很强的坚韧力。

对于一个希望获得成功的人，要始终不停地问自己："你有耐性、有坚韧力吗？你能在失败之后仍然坚持吗？你能不管任何阻碍一直前进吗？"

你只有充分发挥自己的天赋和本能，才能找到一条连接成功的通天大道。一个下定决心就不再动摇的人，无形之中能给人一种最可靠的保证，他做起事来一定肯负责，一定有成功的希望。因此，我们做任何事，事先应固定一个尽善的主意，一旦主意打定之后，就千万不能再犹豫了，应该遵照已经定好的计划，按部就班地去做，不达目的绝不罢休。举个例子来说：一位建筑师打好图样之后，若完全依照图样，按部就班地去动工，一幢理想的大厦不久就会成为实物，倘若这位建筑师一面建造，一面又把那张图样东改一下、西改一下，试问这幢大厦还有成功之日吗？成功者的特征是：绝不因受到任何阻挠而颓丧，只知盯住目标，勇往直前。世上绝没有一个遇事迟疑不决、优柔寡断的人能够成功。

获得成功有两个重要的前提：一是坚决，二是忍耐。人们最相信的就是意志坚强的人，当然意志坚强的人有时也许会遇到艰

性格影响力

难，碰到困苦、挫折，但他绝不会惨败得一蹶不振。我们常常听到别人问："他还在干吗？"这就是说，那个人的前途还没有绝望。

如何培养坚韧的性格？很简单，只要你确定人生的目标，专注于你的目标，那么你所有的思想、行动及意念都会朝着那个方向前进。韧性是身体健康的一部分，不管发生了什么情况，你必须具有坚持工作完成到底的能力。韧性是身体健康和精神饱满的一种象征，这也是成为领导者并赢得卓越的驾驭能力所必需的一种个人品质。韧性是与勇气紧密相关的，是当真正遇到困难时所必备的一种坚持到底的能力，是既得具有可以跑上几千米的耐力还得具有百米冲刺的能力。韧性是需要忍受疼痛、疲劳、艰苦，并体现在体力上和精神上的持久力。

韧性是你在极其艰苦的精神和肉体的压力下所具有的长期从事卓有成效的工作能力，忍耐力是需要你长时间付出额外的努力的。坚韧是一种你想具备卓越的驾驭人的能力所必须培养的重要的个人品质。

勇敢为你的成功之路铺设康庄大道

一个人要想干成一番事业，不但会遭遇挫折，而且还会遭遇困难和艰辛。

困难只能吓住那些性格软弱的人。对于真正坚强的人来说，任何困难都难以迫使他就范。相反，困难越多、对手越强，他们就越感到拼搏有味道。黑格尔说："人格的伟大和刚强只有借矛盾对立的伟大和刚强才能衡量出来。"

在困难面前能否有迎难而上的勇气，有赖于和困难拼搏的心理准备，也有赖于依靠自己的力量克服困难的坚强决心。许多人在困境中之所以变得沮丧，是因为他们原先并没有与困难作战的心理准备，一旦受挫、陷入困境时便张皇失措，或怨天尤人，或到处求援，或借酒消愁。这些做法只能徒然瓦解自己的意志和毅力，客观上是帮助困难打倒自己。他们不打算依靠自己的力量去克服困难，结果，一切可以征服困难的可行计划便都被停止执行，本来能够克服的困难也变得不可克服了。还有的人，面对困难不愿竭尽自己的全力，当攻不动困难时，便心安理得地寻找理由："不是我不努力，而是困难太大了。"不言而喻，这种人永远也找不到克服困难的方法。

问题不仅仅是生活中可以接受的一部分，而且对于阅历丰富的人而言，它也是必不可少的。如果你不能聪明地利用你的问题，就绝不会掌握任何技能。最重要的是，任何时候，你都不要退缩。如果你现在不去面对问题，不去解决它，那么，日后你终将遇到类似的问题。把你的失望降低到最低程度，你才会认识到心灵上能够逾越困境才是受用一生的最大财富。

看到成功人士的成功，看到那份勇气，你会多少有点贪恋。正是这份勇气才使成大事者成功。他们在生活中跌倒，能够爬起来；他们在生活中被困扰，能够寻找出口。他们总是把自己过去

性格影响力

的失败看作是一种勇气的复得，而你现在要做的就是找到这份勇气，去揭开生活的秘密。

1983年，布森·哈姆徒手攀壁，登上纽约的帝国大厦，在创造了吉尼斯纪录的同时，也赢得了"蜘蛛人"的称号。

美国恐高症康复联席会得知这一消息，致电"蜘蛛人"哈姆，打算聘请他做康复协会的顾问。

哈姆接到聘书，打电话给联席会主席约翰逊，要他查一查第1042号会员，约翰逊很快就找到了1042号会员的个人资料，他的名字正是布森·哈姆。原来他们要聘做顾问的这位"蜘蛛人"，本身就是一位恐高症患者。

约翰逊对此大为惊讶。一个站在一楼阳台上都心跳加快的人，竟然能徒手攀上400多米高的大楼，他决定亲自去拜访一下哈姆。

约翰逊来到费城郊外的哈姆住所。这儿正在举行一个庆祝会，十几名记者正围着一位老太太拍照采访。

原来哈姆94岁的曾祖母听说他创造了吉尼斯纪录，特意从100千米外的家乡徒步赶来，她想以这一行动为哈姆的纪录添彩。

谁知这一异想天开的做法，无意间竟创造了一个老人徒步行走的世界纪录。

有一位记者问她：当你打算徒步而来的时候，你是否因年龄关系而动摇过？

老太太精神矍铄，说："小伙子，打算一口气跑100千米也许需要勇气，但是走一步路是不需要勇气的，只要你走一步，接着再走一步，然后一步再一步，100千米也就走完了。"恐高症康复联席会主席约翰逊站在一旁，一下子就明白了哈姆登上帝国大厦的奥秘，原来他有向上攀登一步的勇气。

是的，真正坚强的人，不但在碰到困难时不害怕困难，而且在没有碰到困难时，还会积极主动地去寻找困难，这是具有更强的成就欲的人，是希望冒险的开拓者，他们更有希望获得成功。阿拉伯民间故事集《一千零一夜》里，有一个勇敢的航海家辛伯达，他每次总是去寻求那种与大自然抗争、与海盗搏斗的惊险航行，而恰恰是这些经历使他应对危机的能力大大增强，使他一次次大难不死，安全抵达目的地。在生活和事业中，千千万万的强者，不正是从克服他们自己遇到的困难中，取得了一个又一个引人注目的成就吗？

要善于检验你人格的伟大力量。你应该常常扪心自问，除了自己的生命，一切都已丧失以后，你的生命中还剩些什么？即在遭受失败以后，你还有多少勇气？假使你在失败之后，从此一蹶不振，放手不干而自甘屈服，那么别人就可以断定，你根本算不上什么人物；但假如你能雄心不减、进步向前，不失望、不放弃，则可以让别人知道，你的人格之高、勇气之大，是可以超过你的损失、灾祸与失败的。

或许你要说，你已经失败很多次，所以再试也是徒劳无益；你跌倒的次数过多，再站立起来也是无用。对于有勇气的人，绝

性格影响力

没有什么失败！不管失败的次数怎样多、时间怎样晚，胜利仍然是可期的。

当然，勇敢也是可以培养出来的。

英国现代杰出的现实主义戏剧家萧伯纳以幽默的演讲才能著称于世。可他年轻时，却羞于见人，胆子很小。若有人请他去做客，他总是在人家门前忐忑不安地徘徊很久，不敢直接去按门铃。

美国著名作家马克·吐温谈起他首次在公开场合演说时说，他当时仿佛嘴里塞满了棉花，脉搏快得像田径赛跑中争夺奖杯的运动员。

可是他们后来都成了大演说家，这完全是勇于训练的结果。要克服说话胆怯的心理，可以从以下几个方面做起：

（1）树立信心。只要树立信心，不怕别人议论，用自己的行动来鼓励自己，就肯定会获得成功。

（2）积极参加集体活动。参加集体活动是帮助克服恐惧感，减少退缩行为的好办法。

（3）客观评价自己。相信自己的才能，多肯定自己，并用积极进取的态度看待自己的不足，减少挑剔，摆脱自我束缚。

要克服与人交往、与人交谈的恐惧，以下几种方法是有效的训练手段：

（1）训练自己盯住对方的鼻梁，让人感到你在正视他的眼睛。

（2）径直朝着别人迎上去。

（3）开口时声音洪亮，结束时也会强有力，相反，开始时声音细弱，闭嘴时也就软弱。

（4）学会适时地保持沉默，以迫使对方讲话。

（5）见一位陌生人之前，先列一个话题单子。

其实，勇气就是这么来的，越是困难的工作，越勇于承担，硬着头皮，咬紧牙关，强迫自己深入进去。随着时间的推移，会由开始的生疏到后来的熟练，由开始的紧张到后来的轻松，慢慢体会到自己的力量，增强自信心和勇气。

好性格是影响他人的无形魅力

性格魅力让你具备无形的人际吸引力

俄国大文豪托尔斯泰在一次舞会上遇到了普希金的女儿玛丽亚·普希金娜，她的美貌使托尔斯泰万分惊叹。他向别人打听那女子是谁，别人告诉他，那是普希金的女儿。托尔斯泰拖长了声音赞叹道："你瞧她脑后的阿拉伯式的卷发，真是美丽至极。"普希金娜的魅力给托尔斯泰留下了极其深刻的印象。在 10 多年以后，托尔斯泰在写作其名著《安娜·卡列尼娜》时，女主人公安娜的外貌原形，就是普希金娜。刹那间的魅力感受，能在托尔斯泰的脑中"储存"10 多年之久，这确实是不可思议的。

这就是影响力的第一个特征，即直觉性。它或者是由于影响力主体即人具有强烈感人的形象特点，或者是由于影响力主体的社会内容，十分鲜明地积淀在它的外在形式上，欣赏者只要通过对影响力主体外在形式的直观，就可以一下子领略到它的魅力，而不必通过正常的审美逻辑过程进行审美判断。影响力的实现犹如电闪雷鸣一般。

一般来说，影响力程度和感受影响力的客观环境，决定着影响力在欣赏者心目中存留时间的长短。震撼人心的影响力，具有刻骨铭心的作用，使人永世不忘。

安娜与渥伦斯基的相遇是在列车的门口。这特定的环境，四目相视，双方都被对方的魅力吸引住了。渥伦斯基被安娜那迷人的风姿和富有表情的眼睛吸引，以致感到非得多看她几眼不可；而安娜也被渥伦斯基这个美男子吸引住，感受到一种从未有过的激情的袭击，像是要被车门口欢乐呼啸的暴风雪带走似的，她不禁用手紧紧抓住冰冷的车扶手。在后来安娜和渥伦斯基的爱情发展中，他们初次感受魅力的环境，那种电闪雷鸣般的灵魂激荡，始终盘旋在各自的脑际。

一见钟情是一种直觉性的影响力的感受，同时，由一见钟情产生的单相思就是一方对另一方产生直觉性影响力的感受。

在上海的一次青年演讲会上，一个男青年在会上做了充满激情的发言。他以洪亮的男中音、论证的逻辑性、潇洒犀利的话锋，赢得了全场长时间的热烈掌声。当他走下讲台时，一个姑娘递给他一张条子，约他面晤，毫不掩饰地表达了对他的爱慕。虽然才听了他一次演讲，但他的容颜、姿态、风度、气质已深深地刻在她的心上，这是一方对另一方影响感受直觉性的一个例证。一方的一见钟情如果得不到对方的响应与认可，就会变成恋爱中的"单相思"，陷入痴恋的境地而难以自拔。

一见钟情能否导致美满幸福的爱情？新一代的青年对此是怎么想的？上海纺织系统曾对某公司所属 6 个厂家的部分已婚或正在筹办婚事的青年进行了抽样调查，发现初恋时属于一见钟情式的影响感受型，或基本上是一见钟情魅商感受型的占 3%，这个比例甚至超出了婚姻介绍所的结婚成功率。这些人几乎都有这样的看法：第一次见到，就觉得这是自己要找的人。这个印象能一直保持到结婚。

直觉感受到的这种影响力能否持久，这取决于对方与理想情人的吻合程度，双方对对方感受的审美经验，以及双方的审美观、伦理观、人生观、价值观、世界观等多种因素，同时还取决于在今后的共同生活中，双方能否继续保持和创造影响力。

性格魅力有助于增强自信心

性格魅力所产生的一个重要、积极的结果是它常常能增强一个人的自尊心和自信心。要接受这个结论，你首先必须接受一点点循环逻辑。富有性格魅力可以增强你的自尊心和自信心。而在某种程度上，反过来也是成立的，高度的自尊心和自信心有助于增强性格魅力。

自信是性格魅力的成功之源！只要我们有自信，便能增强才能，使精力加倍。

一个人的自信力，能够控制他自己的生命的血液，并能将他的"信念"坚强地运行下去。这不愧是一个有影响力的人，能够担负起艰巨的责任，这样的人才是可靠的。

自信是一种美，一种与新时代和谐的美。它能产生一种强大的推力，使你坚信自己能攻破任何艰难险阻，扫平一切暗礁浊浪。正如爱默生所说："自信是性格魅力的本质。"

"成功和失败、顺利和挫折都是我的老师，它使我辨别真善美，增强我向逆境挑战的勇气。我知道，建立自信是困境中重新崛起的一种特有的力量。"这是速度滑冰名将叶乔波的心灵体验。正是由于有一种向逆境挑战的勇气和力量，她才能经受住常人难以忍受的"残酷"训练。她甚至在身有几处久治不愈的血肿、伤痛的情况下，进行高强度、超负荷的苦练，还写下数万字的训练笔记。她带着严重的伤痛，参加冬季奥运大赛，获得了值得国人骄傲的成绩，圆了几代人的梦想，为祖国争得了荣誉，同时也成为一名有影响力的运动员。

有勇气和有自信的人，最有希望冲向成功的终点。西班牙作家塞万提斯认为："丧失财富的人损失很大，可是丧失勇气的人，便什么都完了。"有自信往往表现为一种自我肯定、自我鼓励、自我强化，坚定自己一定能成功的情绪素养。没有自信，就谈不上热爱生活，谈不上有探索拼搏的勇气和力量。

勇气和自信能创造奇迹。在 18 世纪后半叶，只身探险航海风靡欧洲。几年中有 100 多名德国青年，冒险横渡大西洋，但是全部遇了难。这时，一位精神病专家林德曼却宣布，他将独自横渡大西洋这一死亡之洋。在医疗实践中，林德曼发现许多精神病人都有一个共同特点：易丧失信心。在外界压力下即丧失承受力而使精神全线崩溃。他要以横渡大西洋做实验，看强化信心对人的机体和心理会产生何种效果。在他独舟出航的十几天后，即遇桅杆被巨浪折断、船舱进水之难。林德曼全身像被撕成碎片那样疼痛，因长时间缺少睡眠，开始产生幻觉，肢体渐渐失去感觉，脑中常出现死去比活着更舒服的念头。但另一种意念占了上风：我一定能成功！绝不能葬身大海。结果，他真的奇迹般地穿越了大西洋。他谈到对这次探险行动的感悟时说，以前100多位先驱者遇难的原因，不是船体的翻覆，不是生理能力到了极限，而是精神上的绝望。人完全可以通过自我鼓励和自我精神强化战胜肉体上战胜不了的困难。

一个有影响力的人理应显示自己的伟大，展现自己的雄姿。只有充分相信自己的力量，有足够的勇气对待生活，才能展现自己的性格魅力，才能爆发出无穷无尽的热能，成为栋梁之材。

有个性才能成为主角

世界上没有两片相同的树叶，也没有两个完全相同的人。每个人都是独一无二的，可惜，很多人不喜欢这种独一无二的感觉，总是喜欢与其他人同步，在人群中随波逐流，丝毫不去坚持自己的个性，不愿意选择属于自己的未来。这样的人总是不断地将自己隐藏在大众当中，是不可能拥有主角性格的，他们只会像其他人一样，成为主角身边默默无闻的配角。

无论从事何种行业，如果只是去关注别人的意见，我们是无法取得属于自己的成功的，别人对你最高的评价也只会是某某第二。一位好莱坞导演曾经坦言，现在的新演员总是想成为汤姆·克鲁斯第二，或者是布拉德·皮特第二，而不是成为他自己。这样的人永远无法真正成为某部电影的主角。因为他们只能从外形上去模仿，而无法拥有影星们那种能够撑起整部影片的主角性格。这种主角性格并不是来自外在的模仿，而是来自一个人的内在修养及本身的技能，也就是你的个性。只有一个人顺着自己的个性发展，努力成为自己的第一，才能够独树一帜。这样的人或许无法在所有的舞台上成为主角，但是在适合其个性的舞台上必然是最闪亮的明星。

我们都应该学会欣赏自己，坚持自己的个性，这样我们就能够选择最适合自己的舞台，展现出全部的魅力去征服其他人。然而，在这个过程中，我们还需要充分了解到坚持个性的困难，因为坚持个性的你就是一条逆流而上的鱼，你的光芒来自你的坚持，你的痛苦也来自你的坚持。

1929年，美国芝加哥发生了一件震动全美教育界的大事。

几年前，一个年轻人罗勃·郝金斯，半工半读地从耶鲁大学毕业，做过作家、伐木工人、家庭教师和卖成衣的售货员。只经

性格影响力

过了 8 年，他就被任命为全美国第四大名校——芝加哥大学的校长。他只有 30 岁！真叫人难以置信。

人们对他的批评就像山崩落石一样一齐打在这位"神童"的头上，说他这样，说他那样——太年轻了，经验不够，说他的教育观念很不成熟，甚至各大报纸也参加了攻击。

在罗勃·郝金斯就任的那一天，有一个朋友对他的父亲说："今天早上，我看见报上的社论攻击你的儿子，真把我吓坏了。"

"不错，"郝金斯的父亲回答说，"话说得很凶。可是请记住，从来没有人会踢一只死狗。"

没有人会去踢一只死狗，也没有一个人会批评一个没有自己个性和主见的人。坚持自己的个性就意味着与他人不同，然而，这个世界上的很多人却不愿意去容许他人的一点点不同，但是我们仍需坚持。如果你选择了退缩，那么你就只能和他们一样，躲在阴暗的角落里，咒骂那些可能散发出光芒的人。他们并不是嫉妒你的不同，而是嫉妒你独特的性格和可能拥有的成功。

记住，你就是你，你无法成为任何人第二，也无法完全替代别人。但也没有任何人能够代替你。秉持自己的个性，拥抱属于自己的性格光芒，主角性格会替你选择最适合你的舞台，并为你选择最适合的绿叶——那些嫉妒你、攻击你却也在羡慕你的人。你将展现与众不同的特质，你将吸引所有人的目光，你将成为这个舞台的主角！

人际主角是怎么炼成的

"很多时候，我宁肯相信别人也不愿意相信我自己。在我心中，他们简直就是完美的化身。他们总是能轻易地引起全世界的注意，他们所做的每件事都天衣无缝，他们要雨得雨，要风得风，几乎无所不能。而小小的我呢？没有一样可以拿出来炫耀的资本。我既没有招人喜欢的外表，也没有渊博的学识，更没有出色的办事能力。每天生活在这些出色的人中间，我自惭形秽，根本看不到任何希望。如果是这样的话，我又怎么能在做事过程中成为人际舞台上的主角呢？"

相信以上这段内心独白道出了很多人的心里话。我们中的很多人每天都靠着对他人的信仰和依赖过活，却从来没有重视过自己。其实，只要仔细观察一下，我们就可以发现那些敢于喊出"我是主角"的人都是一些自信的人。他们用自信为他们与他人之间的交往搭建了一座桥梁。在他们的眼里，自信是主角性格最好的伙伴。

在我们与他人的交往中，总会有一个主角。值得我们注意的是这个主角并不固定，可以是你，可以是我，也可以是他。只要你成为主角，你就控制了你与他人关系中最核心的能量，就决定了你与他人关系的发展方向，也就决定了你在人际间的影响力和感召力。

那么，你是想成为主角还是配角？既然翻开了这本书，想必你不是一个甘当群众演员的人，你应该也想成为社交活动中的主角，接受他人的仰视。也许大多数人都有过这样的想法，但是这其中的绝大部分人都只是想想而已。

其实，成为众人之中的主角，成为万众瞩目的焦点并没有你想象的那么困难。只要拥有了主角性格，你就是舞台上最为闪耀的明星。想要成为人际主角，你就要学会努力修炼自己，尤其需要注意在以下三个方面的修炼：

首先，你需要充分地相信自己。相信："我就是人际主角。朋友因我而精彩。"相信这是属于你自己的生活，只有你才是当之无愧的主角。无论在什么特定的时空下,你都是最重要的。在职场，你被公司需要，同事们只有在你的协助下才能完成一些重要的事情；在朋友中间，你是大家平时最惦念的人；在家庭中，你负担着最大的家庭责任；在人生旅途中，你总能心想事成，总能顺利地解决问题。而这些只有在你学会推销自己之后才能够实现。

其次，除了拥有强大的性格能量，你还必须让你的性格具有亲和力。也就是说，你要让自己的性格能量是正向的。只有当你拥有正向的性格能量，你的性格才是开放的，而且不会和他人的性格相互排斥。如果你的性格太具有侵略性和攻击性，那么你与他人之间的排斥力就会大于吸引力，最终将导致关系的恶化。

最后，针对不同的人际关系，你要让你的性格具备一些核心特质，并以此来获得他人的拥戴。NBA 著名球星沙克·奥尼尔在自己的自传中写下了这样一个故事。

刚升入中学时，奥尼尔加入了一个小的帮派。为了显示自己的实力，让更多人仰视自己，奥尼尔喜欢给他人起外号，并且无所顾忌地羞辱他人。一次，奥尼尔又羞辱了一个对手。正当他扬扬得意的时候，他发现对手甚至没有抬起头来看他一眼。这个人直接从奥尼尔身边走过，还轻声地说："因为鄙视，我懒得抬头。"在奥尼尔正准备教训一下这个家伙的时候，却看到自己的父亲向自己走来。父亲并没有教训奥尼尔，只是对奥尼尔说："想让他人仰视你，你就需要给他们一个仰视的理由。"

奥尼尔的父亲的这句话对于想通过修炼成为人际主角的人来说同样适用。你需要给别人一个让你自己成为主角的理由。而这个理由，则需要你自己去寻找，在不同的场合中，这个理由不尽相同。

俗话说，台上一分钟，台下十年功。想成为主角，不仅要努力修炼自己的性格能量、善意地对待他人，还需要了解他人的心理。当你做到这一切的时候，你就会成为万众瞩目的那个人，成为众人中独一无二的主角。修炼成为人际主角是相当痛苦的一件事情，但是当你走到那一步再回头看的时候，你会发现一切都是值得的。

第二章

你的性格就是
你的职场风水

——性格决定你的职业选择

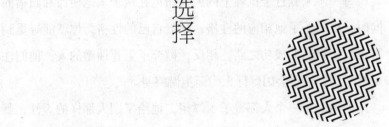

发挥你的性格优势，选对职业

为什么你不成功

为什么很多人不成功？因为他们走的是一条南辕北辙的路，他们越是在这条路上努力，成功离他们也就越遥远。他们背离了自己的天性、背离了自己的使命和归宿。

每一个来到这个世界上的人，命运在赋予了他使命和归宿的同时，也赋予了他相应的性格，顺着自己的性格，你就能寻觅到真正属于自己的成功之路。相反，抛弃了上苍馈赠的人，他们注定会平庸，注定会因碌碌无为而抱憾终身。

命运对每一个人都寄予了厚望，他给了别人那样的天性，就一定会给你这样的天性；他让别人在这条路上成功，就一定会让你从另一条路走向成功。命运赋予人不同的性格，就是让人去完成不同的使命。而只有懂得了命运的人，才能喜欢并接受自己的性格，也才能创造自己独一无二的人生。

每个人都有自己的性格，每种性格都有其擅长的职业。有的人擅长这一行，有的人擅长那一行，还有的人整天游来荡去，他们所擅长的就是无所事事。无论是哪一种性格，你都应该接受它，并按照这一性格去寻找适合的职业。职业只有顺应了自己的天性才能肩负起命运所赋予的使命，才能开启通往成功的大门。要知道，每一种性格的人都能成功，关键就在于人是否选对了职业、找准了位置。

　　因此，我们之所以总是失败，我们之所以不能成功，只因为我们违背了自己的性格，违背了我们的天性。如果我们了解了美国著名作家马克·吐温的经历，我们就会更明白这一点。

　　大文豪马克·吐温可谓家喻户晓。他曾经因为没有按照自己的性格和天赋去做事，结果一败涂地。马克·吐温曾十分热衷于经商，但上帝并没有给他经商的性格和天赋。尽管勤勤恳恳、兢兢业业，他还是失败了，一次就赔了十几万美元。但马克·吐温并未因此而收手，他不服输，他还要在经商的道路上走下去。这一次，他总结了上一次的教训，他要做自己最熟悉的领域——出版。结果，他再一次失败了，几乎赔掉了自己全部家底。

　　马克·吐温垂头丧气地回到家里，将一切都告诉了妻子，妻子平静地对他说道："别灰心！我一直相信你的性格适合文学创作，而不是经商。"马克·吐温最终听从了妻子的建议，开始进行文学创作。结果，他成了一位伟大的文学家。

　　由此可见，一个人的性格对其职业的选择和发展有着极其重大的影响。因此，如果我们想找对职业而获得成功，那么，我们首先应该了解和尊重我们的性格。这正如一篇文学作品中写的：

动物明白自己的特性：

熊不会试着飞翔，

驽马在跳过高高的栅栏时会犹豫，

狗看到又深又宽的沟渠时会转身离去。

但是，人是唯一一种不知趣的动物，

受到愚蠢与自负天性的左右，

对着力不能及的事情大声地嘶吼——坚持下去！

出于盲目和顽固，

他荒唐地执迷于自己最不擅长的事情，

使自己历尽艰辛，然而收获甚微。

选对职业，每种性格都能成功

每个人的性格都是独一无二的，千万个人就有千万种性格，但性格并不是孤立存在的，它们之间存在一定的共性。如果按照这种共性分类进行分析的话，我们就能找到最合适自己的工作。有的人适合与物打交道，有的人则擅长与人打交道。例如，性格活泼的人，适合有挑战性的工作；性格内向的人，适合稳定的工作。职业生涯的第一步同时也是最关键的一步，就是准确判断自己的职业性格，正确选择职业生涯的方向。如果不清楚自己的职业性格，找到一份自己不喜欢又不适合的工作，那将影响自己一生的职业道路；而如果等到发现目前的工作不适合、不喜欢再跳槽的话，那就会走一大段弯路。所以，如果我们永远不以自己的职业性格作为选择职业准绳的话，势必将永远生活在跳槽再跳槽的恶性循环中，而且这些都将对我们职业生涯的发展产生负面的影响。

鲁国大夫季康子向孔子打听他几个得意门生的才干，孔子一一作答。季康子问有军事才能的子路可否从政。孔子说，子路个性相当果敢，可为统御之帅；如果从政，恐怕不太合适，因为他过刚易折。

季康子又问请子贡出来做官好不好。孔子说不行，因子贡太通达，把事情看得太清楚，功名利禄全不在眼下，如果从政，也许会是非太明而不妥当。

季康子又问冉求是否可以从政。孔子说，冉求是个才子、文学家，名士气太浓，也不适合从政。

孔子这样的先哲圣人，也非常重视性格在一个人事业成就中的重要作用。而现代职业心理学研究表明，性格影响着一个人对职业的适应性，不同的性格适合从事不同的职业，同时，不同的职业对人也有着不同的性格要求。因此，我们在考虑或选择职业时，不仅要考虑自己的职业兴趣和职业能力，还要考虑自己的职业性格特点，考虑职业对人的性格要求，考虑性格对职业的影响，从而根据自己的性格特点选择最适合自己的职业。

然而，这个世界上有各种各样的性格：有内向的、有外向的；有勇敢的、有懦弱的；有胆大的、有胆小的；有性子慢的、有性子急的……每一种性格都有它自己的优点和长处，也都有适合它发展的领域。如果你为你的性格找准方向，你就会如鱼得水，纵横驰骋，你就会走向成功。换句话说，一个没有成功的人，仅仅是因为他还没有为自己的性格找到合适的位置，而一个成功的人，也仅仅是因为他为自己的性格找对了位置。

　　小罗伯特·派克是一个生性懒散的人，他喜欢随心所欲，无所事事。几乎所有认识他的人都这样评价他："小罗伯特·派克呀！他是一个无用之人，他懒散的性格注定了他一生的不幸！"然而，有谁料到，37 岁时，他终于找到了自己最擅长的职业——品酒。他在自己性格最适宜的这一行业里，仅仅用了不到两年的时间，就成了一位举足轻重的人物。

　　现在，派克发行的酒类通讯《畅饮者报》已在 37 个国家中拥有 17300 个订户，而且每星期还会增加 80 ~ 125 个。人们如此重视派克对酒的评价，以至纽约和华盛顿的酒类零售商干脆把他对酒的评分印在广告价目表上。派克获得了巨大的成功。

　　派克的例子告诉我们，每一个人天生就有某一类性格，这一性格决定了他只适合在哪一领域发展。

　　由此看来，成功与性格、职业的选择有着密切的关系。如果我们能辨别自己的性格偏好，并力图使之和职业角色的要求相互匹配起来，那么我们一定会在工作中保持和加强优势，控制和减少劣势，职业表现肯定强于别人。如果我们想取得职业的成功，首先要理解、认清自己的性格偏好；其次是明确在哪种环境下工作能最大限度地发挥自己的个性优势，从事什么类型的工作，能让"本我"个性与职业个性融为一体……

如果你发现自己处在不适宜的管理职位上，或者认为某个职业不适合自己，通常是因为职业角色的要求和你的个性偏好不相匹配。为了有效行使职能或做好这份工作，我们常常需要改变自己已定型的性格定位，这便带来焦虑和紧张。举例说，一个内向的人需要在一个大型演讲会上发表演说或者一个急脾气的人要扮演关系协调者的角色，这会让他们感到紧张或将工作搞砸。由于性格偏好与职业角色的要求不协调，个人潜能便不能有效发挥，工作表现自然不如意。

一般来说，外倾型性格的人，更适合从事能够充分发挥自己的行动能力，并与外界广泛接触的职业。适合外向性格人的典型职业有：管理人员、律师、政治家、教师、推销员、警察、售货员、记者、人力资源工作者等。而内向性格的人，则比较适合从事有计划性的、稳定的、不需要与人过多交往的职业。适合内向性格人的典型职业有：自然科学家、技术人员、艺术家、会计师、一般事务性工作的人员、速记员、打字员、程序设计员等。

无论是内倾型的人还是外倾型的人，都有许多非常具体和丰富的性格特征，而且纯粹属于内倾型或外倾型的人不多，大部分人都属于混合型，只是程度不同罢了。因此，对于性格与职业性格的分析，只能为大家提供一个大致的匹配方向。在实际的匹配过程中，还应根据自己的性格特征与职业生涯要求的具体情况采取有针对性的方法。

外向型性格如何发展

外向型性格的人能随不同的场合调整自己的态度与行为方式，他们很容易接纳别人，行动快速但有时欠深思熟虑，容易在仓促之间做出决定，也喜欢参加社交活动。那么，外向型性格的人应该怎样在社会中更多地体现自我价值呢？

避免工作过度

外向型的人在工作中都很积极，但是有时目标经常改变或由于疲倦而半途而废。他们在工作中总会独揽大权，为了避免工作过度，他们应该把工作分配给同伴，注重能量的控制、贮存、分配和节省。

避免频繁社交

外向型的人都擅长社交，但社交活动过于频繁，则可能给人留下左右逢源、八面玲珑，甚至阿谀逢迎的印象，有时还会影响工作。

不容忽视的细节

外向型的人常常高瞻远瞩地思考问题，他们把握全局也常常因此照顾不到细微琐事，这就容易给别人留下没有实际能力、轻率、不可一世的印象。所以不能忽视一些细节上的问题，要尽量克服粗心大意的毛病。

丰富内心世界

外向型的人对自己的内心世界疏于关注，他们往往只关心外部世界，这样就给人浅薄、没有内涵的印象，所以外向型的人要有意识、有目的地丰富自己的内心世界。

看问题要全面

外向型的人常能迅速地做出判断，他们处理事情积极、果断，但有的时候难免极端、偏激。所以，工作中他们应该采用辩证的思想，正确、全面地理解分析问题，最后再做出正确决策。

与内向型人多结交

在人际关系中，外向型的人要与内向型的人多交往，性格方面要互补。这样相互协调、相互合作，必将产生事半功倍的良好效果。

内向型性格如何应对

内向型性格的人专注于自我的内心世界，喜欢独处并陶醉其中。他们一般都是先想后做，这就意味着心理活动居多，那么内向型性格的人应该怎样在社会中更多地体现自我价值呢？

积极地进行交际

内向型的人最大的特点就是对交际态度消极，这都是因为他们更多地关注自身的内心世界，他们只同少数知心朋友交往，感情真挚，但是与一般人关系较浅。

作为社会的成员，不可能脱离他人脱离集体，内向型的人即便不愿意交往，也要尽量使自己变得活跃起来。

追根究底应适度

内向型的人研究问题时讨厌敷衍了事、含含糊糊，过于追求事情的完美，往往忽略周围的事情，脱离现实、缺乏对全局的认识。

不要盲目模仿

内向型的人因为知道自己性格存在一定的缺陷，往往总是想改变自己，但是不要盲目模仿外向型的人，要坚持自己行事的原则，发扬自己诚实、严谨、脚踏实地的作风。

发现自身内在的独特性

内向型的人，细心、温和，具有丰富的内在独特性，只有认识到自己的优点和长处，坚守自己的人生观和价值观，并且有意识地开拓内在独特性，才能把这些特性发挥出来。

积极培养决策能力

内向型的人本身就活动消极、封闭，甚至表现出怯懦，他们常常把握不好机会，所以内向型的人要积极培养决策问题的能力，不能只慎重而不行动。

现在的社会是信息的社会，任何事情都是瞬息万变的。一个人能否成功，及时决策的能力起决定性作用。如果遇到事情就犹豫不决，不能较快地做出决定并付诸行动，是十分不利的。

性格影响力

想象与现实相联系

内向型的人大多都是想象力丰富的人。我们知道，想象力是人类一切创造的源泉，没有想象也就无所谓创造。但是内向型的人只有把想象与现实联系起来，才能把梦想与现实转变为创造力。

不是工作不好，是你的性格不配套

别把自己逼疯了

一些人毕业后工作还不到两年，在公司的资质很低，公司里又都是技术牛人，面对如此大的压力，在工作时，如果做不完，是选择继续加班或熬夜完成呢，还是对自己说"算了，以后再说吧"？

如果有成功升迁的机会，需要在同事或好朋友之间公平竞争，有些人会表现出强烈的进取心、高度的竞争性，甚至对竞争者表现出敌意、攻击。

美国的心脏病专家弗里德曼和罗瑟曼最早把这种性格称为 A 型性格。这里的 A 是 Aggressive（积极的、好争强的）首字母。他们在 1950 年根据对心脏病人的调查发现，心脏病人的性格有共同之处，他们把这种性格定名为 A 型性格。

这样的人长期处于压力之下，试图在不足的时间里完成过量的工作。着急，对工作没有任何好处，反而影响了效率，进入了死循环。

A 型性格的人具有以下共同的心理特质：

压抑内心情绪

长期压抑自己的情绪，有可能导致慢性病的衍生。

追求高成就

总觉得任何事都可以尽个人力量完成，对自己充满信心；会夸张地认为只要把握好所有的时间，则能做所有的事情，因此，所处的环境中竞争性强，喜欢具备挑战性的工作，奋斗不懈，以追求高成就。

封闭自己

不善于向他人分享个人内在的情绪体验，也不善于表露自己，因此情感体验较为封闭，思考较为僵化固执。

做事、说话速度快，音量大，凡事都想与人争辩，情绪波动大，姿势及表情呈紧张状态，敌意强，具有攻击性。

好强也是为了争取事业上的成功，每个人都有自己想达到的彼岸。这是普遍存在的现象。但是 A 型性格对人的健康非常不利，性格是可以改变的，好强的性格和争取做好工作之间是不冲突的。要摆正心态，协调好对工作和生活的态度。生活追求的是平衡与快乐，每个人都要正确化解疯狂工作的压力，做自己命运的舵手。

专制、民主与自由放任的领导方式

领导方式是领导过程中领导者、被领导者及其作用对象相结合的具体形式。组织管理的成效如何，取决于领导者的领导方式是否得当。领导方式是直接影响领导效能的重要因素。所以作为一名合格的领导者要有正确的领导方式，按照一般的分类方式，可以将领导方式分为三类：专断型、民主型、自由型。

专断型领导

领导者把决策权集于一人手中，工作的程序方法由领导一步步指示，群体成员无条件服从，由于决策错误或客观条件变化，贯彻执行发生困难时，不查明原因，多归罪下级。员工的工作效果评价没有健全的评价体制，由领导按照主观印象进行评价。

民主型领导

领导者同部属互相尊重，彼此信任。领导者把权力交给全体成员，组织决策由集体共同做出，决定工作的目标和达到目标的步骤，领导者给予支持，尽量听取员工的意见，不干预具体的工作过程，奖惩有客观标准，不以个人好恶行事。

自由型领导

领导者有意分散领导权，只负责布置任务，给部属以极大的自由度，只是检查工作成果，除非有员工提问时才给予解答。

美国心理学家库尔特·勒温，通过实验研究以上三种领导方式的效果，结果发现通过民主型领导方式，成员们都有较高的工作积极性，具有集体主义精神，群体工作效率高。相比之下，其他两种领导方式的工作效率都比不上民主型领导方式，所以他认为民主型领导是较为理想的领导方式。

领导者应该具备的基本素质——诚心待人，情理兼备。

作为领导者要有亲和力，理解、关心、信任、宽容和尊重下级，精心为下级创造一个心情舒畅的工作氛围，设身处地地为他人着想，以诚待人。

要关心体谅下级，注意建立互相依赖、互相支持的友谊，注意赞赏部下的工作成绩，提高下级的工作积极性。

嫉妒、固执、急躁、犹豫不可取

作为一名领导者，肯定都会想改进自己的领导方式以达到高的工作效率。然而，作为领导者，还有更重要的，那就是要有让群众喜欢的性格。

不适合做领导的性格类型很多，下面谈谈不适合做领导的性格类型的共同点。

（1）嫉恨心理。

这样的领导者对强于自己的同事或下级产生恐惧、愤怒和嫉恨的心理，为了摆脱恐惧和愤怒的困扰，不惜采取贬低甚至诽谤别人的手段，来求得心理上的平衡。

这种对下属的嫉妒心理最大的危害就是限制员工的积极性，

使一些优秀人才得不到重用，破坏团体凝聚力以及个人之间的相容性，加大员工们正常工作的压力，给员工的心理健康带来危害，使员工的工作满意感降低。

（2）固执己见心理。

不懂变通，坚持己见。这样的领导者只相信自己，不相信别人，在长期的工作中一意孤行、万事以自我为中心，不吸取和采纳合理意见，削弱群体的民主作风和战斗力，既影响事业的发展也使自己陷入苦恼的孤立境地。

（3）急于求成心理。

这样的领导者通常的表现是经不住长期的考验，没有耐性、急于求成。在工作中一遇到困难就烦躁郁闷，如果有稍微的进展就盲目冒进。

（4）犹豫不决心理。

这样的领导者通常遇事多虑甚至焦虑，它与上面的急躁心理正好形成对比。在工作中优柔寡断，过分小心谨慎，只是急而不决，难以把握机遇，甚至常常因错失良机而造成严重的后果。

作为一个工作中的决策者，一个领导有嫉妒、固执、急躁、犹豫的消极性格都是非常不好的，为了能够更好地开展工作，领导者必须克服这些性格缺陷。

做性格成熟的职场领导者

Foot in the door（脚踏进门）技巧

脚踏进门，是美国销售中的一个实用技巧。美国的商品推销员在很久以前还是挨家挨户地去推销商品，例如吸尘机、厨房用品、百科全书和《圣经》等。当一位家庭主妇听到敲门声，把门打开的时候，精明能干的推销员就会把一只脚先伸到门里边，这样可以避免在他还没有机会介绍他的商品之前女主人就把门关上了。这种挨家挨户访问的推销员现在几乎已经销声匿迹了，大多数推销员现在都靠电话来招揽生意。可是，把一只脚先伸到门里边这个说法却成为一个人们经常用的俗语了。为了达到一个目的迈出第一步，尽管你可能离达到目的的距离还很远，也可以视为阶段性请求法。

比如说，请人帮忙复印文件之类的。对于如此简单的请求，一般人都不会拒绝，因为如此简单的请求都拒绝的话，肯定会被人看不起。所以，简单的请求是很难拒绝的。所以我们可以先向对方提出一个小小的请求，问一下"可不可以帮我一个忙"诸如此类的话。

因为对方已经接受了我们的第一次请求，所以，拒绝的话是很难说出口的，多半会接受我们的第二次请求。所以等对方接受了第一次请求、为我们提供了帮助之后，我们就可以提出难度稍高一点的请求了："能不能再帮我一个忙呢？"

然后，我们就可以"得寸进尺"，不断提高难度的几个要求，并最终提出我们真正想请求的事情。因为这个过程，是一步一步地把对方引到更高的阶段，所以叫作"阶段性请求法"。也可以简单地理解为，我们想跟对方握手，手已经伸出去了，对方不会不跟你握手直接把手再收回来的。

如果我们突然向别人提出一个难度很高的请求，是很容易遭到拒绝的。但是，如果我们从简单的请求开始，一点点加码，最后成功的概率就会大大提高。

比如说现在比较盛行的电话销售，他们开口第一句话会是"不好意思，打扰一下，有个小问题想问一下，就打扰您两分钟的时间"，虽然我们都很反感这种电话销售，但是这种小小的请求我们还是不会拒绝的。一旦你给了对方说第一句话的机会，他们就不会放过这个机会，他们会一步一步把你引到他们最终想要问的事情上，直到你答应登门拜访为止。

这就是阶段性请求法。

　　　　　　性格影响力

Door in the face（让步请求）技巧

Door in the face 是心理学上的以退为进法，也是以退为进的策略，即让步请求法。

举例来说，比如你想买一件较大的商品——汽车。召开家庭会议进行讨论的时候，你不要直接说出你想买的车型，因为一旦遭到否决就难办了。这时，你可以提出一个价格更高的车型。

当然，由于经济条件有限等原因，很可能会被家人一致否决。此时，你可以装出妥协的样子，再提出你心目中理想的车型。

所以让步请求法，顾名思义就是先提出一个必定会遭到拒绝的高难度请求，然后再提出自己真正的请求。

所以这样，当别人否决我们的提议时，虽然嘴上说得比较强硬，但心里都会产生一种愧疚感，他们会想："拒绝了他，总感觉不太好意思。"所以我们就要趁热打铁，在对方的这种心情还没有消失时，我们就应该急中生智，降低条件，提出自己真正的请求。对方本来就觉得不好意思，心里正想着怎么弥补，再加上看到我们降低了条件，一般都会同意我们的请求。

开始突然提出难度高的请求，当然会遭到拒绝，但这也给我们随后提出难度相对较低的请求创造了条件，因此这也正是我们想要得到的效果。由此看来，这种请求方法的要点在于制造一种落差感，因为人们的心理上有这种落差感，比较容易接受。这样对我们自己而言也就一下子降低了自己请求的难度。对方看到我们降低条件，大多就会想："他都妥协到这种地步了，就同意了吧。"因为之前难度大的请求没有能够满足，已经很愧疚了，所以基本上也就会答应我们了。这种方法也叫"留面子技巧"。

有研究人员以社会人士为对象实验了这种请求法，结果发现，采用让步请求法的成功率比直接提出请求高出了两倍。

和所有人都能打成一片的性格

基本上，所有人都希望别人认为自己是一个"帅（或漂亮）""聪明""有价值"的人，这种自尊感可以促进人成长。但是，如果自尊感过于强烈的话，就会变成虚荣心，使人放弃努力，反而会通过吹牛、贬低别人、与别人的缺点做比较来抬高自己。

经常跟别人讲一些自己的丑事、失败经验，是拉近自己与他人关系的小窍门。与吹牛相比，不如说一些自己的失败经验、丑事等自嘲的话题，这样不仅更能取悦别人，还会让自己更加受人欢迎。必须抛弃过度的虚荣心，因为它不但阻碍进步，还会让我们变成不受欢迎的人。

给别人讲述自己的失败经历、丑事等，并不单纯是讲个笑话来取悦他人，还可以展现出自己大方、宽容、敢于自嘲的性格，这能让别人觉得我们很亲切，没有距离感。

因此，在平日里就要收集有关自己失败经历、丑事的话题，而且失败、出丑后，不要觉得很丢脸，而应该觉得很有趣，这样也能让自己变得较轻松。

性格影响力

虽然把自己的这些丑事分享给别人，会令人觉得非常好笑。但是，的确能营造一个轻松的氛围。

依靠性格影响力进行无为管理

老子把统治者划分为四个层次：最好的统治者，人民不知道有他的存在；其次一等，人民亲近并赞美他；再次一等，人民害怕他；最次一等，人民轻侮他。统治者如果诚信不足，那人民就不会信任他。统治者应该悠闲自如，不要随意发号施令。这样才能功业成功、事情顺遂，百姓们都说："我们本来就是这样的啊。"

领导的最高层次是"太上"，是老百姓不知道有这个统治者。这是领导艺术的最高境界，值得企业家借鉴。一位懂得"无为而治"的企业领导，不是要让自己拥有多么大的威权，前呼后拥不是企业家的做派。他不仅仅要实现利润的最大化，还要让所有员工都回归到人的本性上去，发自真心地感到快乐，让他自由发挥自己的聪明才智，为企业创造价值的同时实现自己的人生价值。沃尔玛的公仆式领导一直都很有名。早在创业之初，沃尔玛公司创始人山姆·沃尔顿就为公司制定了三条座右铭：顾客是上帝、尊重每一个员工、每天追求卓越。沃尔玛是"倒金字塔"式的组织关系，这种组织结构使沃尔玛的领导处在整个系统的最基层，员工是中间的基石，顾客放在第一位。沃尔玛提倡"员工为顾客服务，领导为员工服务"。沃尔玛的这种理念极其符合现代商业规律。对于现今的企业来说，竞争其实就是人才的竞争，人才源于企业的员工。作为企业管理者只有提供更好的平台，员工才会愿意为企业奉献更多的力量。上级很好地为下级服务，下级才能很好地对上级负责。员工不断提升，公司才能发展好。企业就是一个磁场，企业管理者与员工只有互相吸引才能凝聚出更大的能量。

　　但是，很多企业看不到这一点。不少企业管理者总是抱怨员工素质太低，或者抱怨员工缺乏职业精神，工作懈怠。但是，他们最需要反省的是，他们为员工付出了多少？作为领导，他们为员工服务了多少？正是因为他们对员工利益的漠视，才使很多员工感到企业不能帮助他们实现自己的理想和目标，于是跳槽离开。

　　这类企业的管理者应该向沃尔玛公司认真学习。沃尔玛公司在实施一些制度或者理念之前，首先要征询员工的意见："这些政策或理念对你们的工作有没有帮助？有哪些帮助？"沃尔玛的领导者认为，公司的政策制定让员工参与进来，会轻易赢得员工的认可。沃尔玛公司从来不会对员工的种种需求置之不理，更不会认为提出更多要求的员工是在无理取闹。相反，每当员工提出某些需求之后，公司都会组织各级管理层迅速对这些需求进行讨论，并且以最快的速度查清员工提出这些需求的具体原因，然后根据实际情况做出适度的妥协，给予员工一定程度的满足。

　　在沃尔玛领导者眼里，员工不是公司的螺丝钉，而是公司的合伙人，他们尊重的理念是：员工是沃尔玛的合伙人，沃尔玛是所有员工的沃尔玛。在公司内部，任何一个员工的名牌上都只有名字，而没有标明职务，包括总裁，大家见面后无须称呼职务，而是直呼姓名。沃尔玛领导者制定这样制度的目的，就是使员工和公司像盟友一样结成了合作伙伴的关系。沃尔玛的薪酬在同行业中不是最高的，但是员工却以在沃尔玛工作为乐，因为他们在沃尔玛是合伙人，沃尔玛是所有员工的沃尔玛。

在物质利益方面，沃尔玛很早就开始面向每位员工实施其"利润分红计划"，同时付诸实施的还有"购买股票计划""员工折扣规定""奖学金计划"等。除了以上这些，员工还享受一些基本待遇，包括带薪休假，节假日补助，医疗、人身及住房保险等。沃尔玛的每一项计划几乎都是遵循山姆·沃尔顿先生所说的"真正的伙伴关系"而制定的，这种坦诚的伙伴关系使包括员工、顾客和企业在内的每一个参与者都获得了最大程度的利益。沃尔玛的员工真正地感受到自己是公司的主人。

看到这里，所有人都会明白沃尔玛持续成功的根源。沃尔玛这一模式使很多企业深受启发。在国内，有一家饭店把沃尔玛当作学习的榜样。"没有满意的员工，就没有满意的顾客。"饭店管理者把这句话当作企业文化理念的精髓。饭店拥有员工近400人，除大部分为正式员工外，还有少部分为外聘人员，饭店领导首先为他们营造的是一个平等的工作环境与空间，一旦发现了人才，无论是正式员工与否，都给予鼓励与培养。每年的春节，饭店高级管理人员都要为员工亲手包一顿饺子，并为员工做一天的"服务员"。每年，饭店还要对有特殊贡献的员工进行晋级奖励，目前得到晋级奖励的员工已占到全体员工总数的10%。饭店还定期组织员工外出旅游，节假日举办联欢会。如同沃尔玛取得的辉煌业绩一样，一分爱一分收获，领导的良苦用心得到了回报。由于该饭店员工的素质一流，几乎所有的宾客都能享受到"满意+惊喜"的服务。他们对此赞不绝口，饭店生意红红火火。

　　企业进行无为管理最大的障碍是企业人员的素质。道家思想特别强调个人修养所倡导的清静无为、致虚守静、柔弱如水、无私不争等，这些都是现代企业领导者修养的最佳参照。无为管理的特点是把管理的无形作为体现在有形作为之中。无为管理要取得实效，要求管理者具备强大的人格影响力，而人格影响力只能从管理者的自身修养中得来。

第三章

婚姻是一场性格的博弈

——性格决定爱情打开方式

性格决定恋爱模式

性格决定你的爱情模式

"爱情是什么？"有一天，柏拉图问苏格拉底，苏格拉底说："我请你穿越这片稻田，去摘一株最大最金黄的麦穗回来，但是有个规则：你不能走回头路，而且你只能摘一次。"

于是柏拉图去做了。许久之后，他却空着双手回来了。苏格拉底问他怎么空手回来了，柏拉图说道："当我走在田间的时候，曾看到过几株特别大特别灿烂的麦穗，可是，我总想着前面也许会有更大更好的，于是就没有摘；但是，我继续走的时候，看到的麦穗，总觉得还不如先前看到的好，所以我最后什么都没有摘到。"苏格拉底意味深长地说："这，就是爱情。"所以说，爱情是一种理想，而且很容易错过。

爱情是生活中永恒不变的主题，即使是千年前的古人也在《诗经》中唱出了《关雎》这样的情歌。浪漫的你可能曾为自己的爱情设想过很多，现实却无情地打击你，让你对爱情越来越没有勇气。其实，你只需要了解一个小秘密，令你头疼的爱情难题就会迎刃而解，这个秘密就是性格决定你的爱情模式。

当渴望爱情的男女在茫茫人海中相遇，他们的性格就会散发出一种奇妙的气息，这种气息使他们时而忧郁，时而欢喜。性格就是如此神奇，只要你了解了性格，就会很快找到爱情的真谛。

接下来我们来看一看性格秘籍为爱情提供的爱心导航：

第一种情况：性格鲜明的男性与女性的爱情。

你们之间的爱情是典型的异性相吸，最符合传统性别特征的你们一开始就会被对方的特质深深吸引。只要有一方展开追求，就会马上成为情侣。具有典型男性化性格的他会对自己喜欢的女生相当热情，时不时地奉上甜言蜜语，让沉浸在爱情中的女生分外开心。你们都有着强大的占有欲和妒忌心，不过，等彼此更习惯之后，你们之间就可能会时常争执，认为对方不理解自己，但不会分手。

你们之间的危机往往会出现在热恋之后，这时，双方性格的差异充分地显示出来。个性鲜明的男性会表现出十足的大男子主义，包办约会中的一切，而不会询问你的意见。你的性格虽然偏于柔软，但是会感到自己没有得到足够的尊重，于是，争执就不可避免地发生了。

当个性鲜明的男女相遇时，即使你们恋爱了，也要注意保持彼此的独立性。总是绑着对方的结果就是双方逐渐疏远，感情也会付诸流水。除此之外，理解是双方和平共处的基础，男性需要女性多理解他的各种想法，并给予他充分的关心和照顾；而女性则需要男性多花些时间陪在自己身边，这样，你们的感情才会更长久。

第二种情况：性格男性化的女性与男性的爱情。

拥有同样男性化性格的你们经常会一拍即合，这使得你们彼此之间的吸引力骤然加强，两人很快就会进入热恋状态。爱情于你们而言就是一块要征服的高地，早日攻克阵地，就会早日安心。当你们的感情越来越深，性格的影响就充分显示了出来。比起其他情侣，深陷爱河的你们更像是走过多年沧桑的伴侣，你们之间的一切都显得顺理成章。见面时间的长短不是你们所纠结的问题，人们总会在你们不常见面的时候猜测你们是不是分手了，而你们自己却对这份爱情甘之如饴。

不过，当充满女性化性格的女人频频出现在男人的生活中时，男性化性格中的保护欲就会成为催化剂，他会主动保护弱者。而深爱他的你会被当成强者。他认为即使他离开了你，你也会很好地活下去，而弱者没有他就无法生活，这时，他很可能会选择离开你。

如果你想让这段感情长久地走下去，就一定要表现出女性温柔和体贴的一面。尽管这对性格男性化的女人有一些难度，不过选择这个时候发脾气绝不是上上之选。你可以多找他商量事情，哪怕已经心中有数，还是要听听他的意见，说完之后最好加上一句:"你能听我发牢骚,真好!"另外,还要时不时地对他吃醋发发小脾气,勇敢地向他撒娇;不要有事才找他,平常要多联络,不要光聊工作上的事,说些日常琐事更好。这样,男人才会对同样性格的女性一往情深。

第三种情况:性格男性化的女性和性格女性化的男性的爱情。

女性化性格的男人就像是一部百科全书,兴趣广泛,喜欢收集各种信息。在他的引领下,你的人生会变得丰富多彩。男性化性格的女人总会被他唠叨粗线条,而那些细致的工作又被他做得非常出色,你们属于日久生情的类型。刚开始交往的时候,他的无微不至会让你感到非常贴心,可是相处一段时间之后,性格偏于阳刚的女性可能就会对这个大男人的婆婆妈妈、唠唠叨叨不胜其烦。在他面前,你总有一种想要撞墙的冲动,心中暗想自己真是没用,这样的想法会成为你们走向分手的导火索。

这时,你一定要坚决打消自己这样的想法。古人有云,闻道有先后,术业有专攻,这为你们的爱情提供了一个崭新的发展模式。双方一定要包容对方性格上的缺点,各自在擅长的领域里当领导者,不要以各种理由干涉对方。其实,他之所以唠唠叨叨是因为他在乎你,此刻你只要跟他说"谢谢你的教导",他一定会很高兴,会更爱你。如果你们之间出现了什么问题,要静下心来好好沟通,千万不能太霸道,这样,你们的幸福就会像花儿一样绽放。

第四种情况:性格女性化的女性和性格女性化的男性的

爱情。

　　同样拥有细致性格的你们都是柔情似水的人，不喜欢主动，即使对彼此有好感，也会羞于将爱字说出口。迈出超越一般朋友关系的第一步成了你们最大的难题，你们都在等对方先开口，可是等来等去真不知道要等到何时。这时要多多制造两人相处的机会，并极力寻找双方的共同话题。共同的兴趣和多次的见面会成为你们之间感情升级的媒介。另外，最好不要太依赖对方，要拿捏好联系的尺度，过于依赖会让对方感觉到没有自我空间，而过于冷静又会使感情消退。拿捏好交往的尺度，两人的感情才会逐步升温。

　　爱情是两个灵魂、身体的融合！爱情很暖，痛也戒不掉地暖，双方在享受着爱情的同时也享受着它带来的痛。爱情就像一只蝴蝶，它的标本比它本身更美丽。越想占有，越容易失去，爱是在尽量占有和尽量避免失去之间的平衡。每个人都是只有一只翅膀的天使，而爱情帮助人们找到了比翼双飞的伙伴。这时，只要准确把握住自己和对方性格的优缺点，两个人之间就会少些磕磕绊绊，而你们的爱情也会变得更加美满。

恋爱中情人喜欢的性格

　　在日常生活中，可能会发现某些性格的人非常受人欢迎，而某些性格的人却让人唯恐避之不及，这就说明，性格特点在人际关系中非常重要。恋爱中也是一样，有关调查表明，无论男人还是女人，外貌只在恋爱初期比较重要，而性格往往是决定恋爱成败的关键因素。如果你认为自己外貌出众就自以为是、任性妄为，认为别人应该为你的美丽买单的话，那你就错了，这样，你即使拥有出色的外貌也不会得到他人的喜爱。反之，如果你没有美丽的外表也没有关系，和善的性格会使你受到人们的欢迎。

什么样的性格能受到梦中情人的关照呢？你是不是因为性格问题而导致恋爱总是失败呢？作为恋人，什么样的性格能备受关注，而又是什么样的性格备受讨厌呢？

有心理学家对大众所喜欢的性格顺序进行了研究。该项调查以美国青年为对象，针对555个性格特征进行了从最喜欢到最不喜欢的七点评分。结果表明，诚实、正直、理性、同情是最受人喜欢的性格，而撒谎、下流、攻击等则最不受人欢迎。

有研究者对"受欢迎的恋人性格"做过专门的调查，结果与大众所喜欢的性格还是多少有些差异的。男女都喜欢温柔、乐观、幽默的人。但对于某个人温柔与否的判断是很主观的，是恋爱双方在相互交往中逐渐了解到的。

另外，作为恋人受欢迎的性格在男女间是存在差异的。女性希望找到能够依靠的男性，而男性则喜欢姿容好的女性。男女对异性的不同要求也许反映了社会对男女功能的不同期待。

活泼型之歌：阳光、棒棒糖和玫瑰

活泼型伴侣会给家里带来欢乐、爱和友谊。当你帮他们纠正错误时，不要忘了赞赏他们，并让他们感到关爱。

惹人喜爱的活泼型的人天生就喜欢娱乐和游戏，和他们在一起总是令人愉快，而只要得到别人的喜爱，活泼型的人就能放声大笑，享受生活。活泼型的人总是一群人中最有趣的，所以别人都喜欢围绕在他们身边。在聚会时，他们会讲夸张的故事以吸引别人的注意力。

活泼型的人不喜欢麻烦，也讨厌冲突和过量的工作，因为他们总是想着玩。他们希望得到他人的认同，因此，他们通常不能和那些贬低他们、在公共场合羞辱他们，或是让他们觉得自己很笨的人和睦相处。如果你或你的配偶是活泼型，那么了解活泼型的这个特点非常重要。

不幸的是，并不是所有活泼型的人的伴侣都了解他们喜欢玩乐的天性。通常，他们的配偶不能满足他们的精神需求，却试图改变他们。他们的伴侣会说"别再像个孩子一样啦"或者是"开始工作吧"。但是如果对方不知道如何满足活泼型的人的情感需求，活泼型的人可能会十分伤心。

对于活泼型的人的情感需求而言，因为他们总是想得到注意、赞赏和喜爱，所以情感需要都是"外来的"。他们也需要经常与人交往，否则生活就会变得无聊。如果这些需求得到满足，他们

性格影响力

的伴侣不用对他们太过关注，活泼型的人也能过得很好。

其实，满足活泼型的人的情感需求很简单：

关注：坐下来，看着他们的眼睛，然后认真倾听。不要打断他们说话，也不要四处张望，或者在他们讲述遇到困难时，试图"解决"问题。他们只需要你的关注。

赞同：活泼型的人总是急切地想得到赞同。他们知道不是任何人都会赞同他们的做法。不要说"如果你这样做也许会更好"这种话。如果你频繁地纠正他们，他们就会觉得你是在责备他们。相反，如果他们出色地完成了工作，就要给他们赞赏并表示感谢。

喜爱：活泼型的人喜欢被爱的感觉。试着想象一个孩子说："爸爸，请爱我吧！"活泼型的人会像孩子一样，发出请求。你可以这样回应他们："你真漂亮，活泼，聪明，有天分，有魅力，机智，有趣……"他们总是想要更多的爱。

活动：不要忽略伴侣要"出去"或是和朋友聚会的要求。如果被困在家里，不能和朋友或是家人频繁联系，他们就会觉得自己是被困在笼子里的动物。你可以悉心准备，带其去参加活动；也可以鼓励你的伴侣多参加社区的活动。

如果你是一个活泼型的人，要记住你的情感需求会耗费别人的许多精力和时间。如果你的配偶是完美型或平和型，他们可能无法满足你总是想聊天或外出活动的愿望。如果你总是试图寻求伴侣的赞同和喜爱，可能会触怒他们而非得到期许的拥抱或赞赏。要提醒自己：你的伴侣也有情感需求，他们可能希望你不参加活动时，多给他们些空间。

完美型的咏叹调：没人能看到我看到的问题

完美型伴侣需要足够的空间，喜欢安静，需要得到支持。

完美型的人喜欢安静，富有创造力，喜欢沉思，需要独处。他们总会事先做好计划，因此在有序的环境中表现出色。他们可靠，喜欢分析而且严肃认真。喜欢那些和他们一样做事认真、头脑聪明的人。他们也喜欢同智者深谈。但那些哗众取宠的人则无法赢得他们的好感。因为喜欢深思，他们对家人和朋友的举动非常敏感。

完美型的人会为那些善忘、迟到、做事没有章法的人感到紧张。他们不喜欢和善变的人相处，而且觉得那些对生活没有深刻感悟的人都是平庸之辈。

如果你的伴侣是一个完美型的人，相信你会喜欢这一节。你会了解你的另一半看待世界的角度，这样，你们就能满足彼此最深层的情感需求。

完美型的人的情感需求通常来自内心。他们会呼喊："支持我，但是不要拿我开玩笑。给我一些空间，让我安静安静。"

最基本的愿望就是能完美有序地完成所有的事情。除此之外，没有别的办法。如果你草率行事或者迟到，会觉得你不爱对方。如果你真的爱对方，就尽力把事情做得完美。

完美型的人需要的是：

性格影响力

支持：他需要知道你"和他站在一边"。如果你把他作为嘲笑的对象，他会觉得很受伤。不要问："你到底怎么了？"而要说："我知道你受伤了，如果你愿意找我倾诉，我会一直在这里。"

空间：和活泼型的人相反，完美型的人需要自己的空间。他们不喜欢桌子上的东西被人随便乱动。如果他们发现抽屉被翻过、东西被借走或是弄坏了，他们就会觉得沮丧。一支漏墨的钢笔，就能让他们头痛得睡不着觉。你需要尝试让完美型的人，拥有自己的空间并且不要动他的东西。

安静：你要知道，完美型的人不喜欢喧嚣，不喜欢混乱，更不喜欢别人不停地说话。他们不需要别人陪伴，他们要的只是一个可以离开人群的空间。尊重他们对安静的要求，不要逼他们参加社交活动。

稳定：完美型的人喜欢有条不紊地生活。尝试尊重他每天的行程安排，只在你真的有急事的时候，才去找他。在可能的情况下，帮助你的完美型的伴侣按照他的计划行事——这会让他少受很多压力。

但是，如果你是一个完美型的人，那么你要知道，没有一个人能完全满足你的情感需求。因为生活并不总是完美的，如果你不能按时完成计划或是你的空间被侵占了，那并不总是对方的错。在有些情况下，你不能要求你的伴侣按照你的方式行事，但是这并不代表他不爱你。完美型的人需要记住，世界并不完美，所以你的完美的期望也不总能实现。

男人来自火星，女人来自金星

喜欢大女人的男人——新恋母情结

"恋母"情结，是不能说的秘密。无论是花样美男还是事业有成的奋斗男，为什么会选择比他们大的女人呢？

首先，需要对事业的理解和支持。

对一些女性来讲，模拟过家家不是什么难事，但把过家家当成一件每天必须坚持并且视为享受的大事来做，有时的确是难为了她们。而对事业发展或上升期的男性来讲，大女人细腻的关照如沐春风，省掉很多闲心，虽然男人并不期待被呵护，但好歹需要被照顾。这点上，没有比大女人做得更好的了。

不少女性擅长每日以"你爱不爱我啊""那你到底喜欢我有多少呢""我是不是你的唯一啊"纠缠……她们用发嗲作为她们的精神食粮来打发爱情的时光；她们对爱情全部的理解是由"卿卿我我＋形影不离＋唯恐天下不知相爱"三部分构成；她们不

明白男人需要事业的本质，她们更不知做什么方可相助郎君一臂之力。

从男人的角度来看，女性可以做一个贤内助是再好不过的了；假如做不到就默默地支持，做些力所能及的事，千万不要认为自己被冷落而对男人发泄愤怒；千万不要自作聪明帮倒忙。

其次，成熟和干练。

情深意切之时，男女不免走了爱的极端，认为互相的世界只有对方不可再有其他。动不动就你死我活，动不动就发毒誓，好像这世界上对爱的理解只有他们最纯真、最至上。

年纪大的女性曾经沧海的好处多多，知道什么事情做得、什么事情做不得，譬如偷看手机短信和跟踪之类的事，不仅懒得做更不屑做。这是真正的高明、真正的智慧！

喜欢大女人，就不言而喻了。

小鸟依人的女子是谁的最爱

在寻觅另一半的时候，男生多少会有些虚荣心，标准再也不局限于上得厅堂下得厨房，带出来的另一半要貌惊四座才够有面子。模特身材的女生固然会博得广大男生们的疯抢，但小鸟依人的小妹也不乏成群结队的欣赏者。

小鸟依人的女子大多有这样的特点：

其一，平稳。从此男人的后院就有了保障，她不会给男人惹乱子。

其二，简单。对男人在外面的应酬不会无端地猜忌，在自己回家之后可以安心地卸下疲惫，安心地休息。

其三，依赖。她会让男人充分施展自己的保护欲，认为自己终于找到了可以依靠的臂膀。

其四，宽容。就算男人做错事，也不会冲他抱怨。

小鸟依人的她们在生活中往往也压抑了自己，她们不想发生冲突，她们只想求得平静，即便是委屈了自己、辛苦了自己也可以接受。

作为男生，小鸟依人的女生当然是最爱。因为他们明白，和小鸟依人的女人在一起，会很幸福。

为什么男人想结婚又怕结婚

结婚是每个人对幸福的向往。而人为什么结婚？是因为爱。活着是为了让自己快乐，让身边的人快乐。结婚，是为了让这份爱完整、圆满。传说中女人是男人遗失的肋骨，男人和女人从一生下来，就只有一半的生命，我们一直在寻找着自己的爱人，寻找着属于自己的另一半。

但是，在现实生活中，却有不少的男人害怕结婚，这是为什么？

害怕婚姻枯燥乏味。

男人们认为结了婚，只有不停地创造新鲜感，婚姻才可以维持得长久，才能白头偕老。男人们都害怕乏味的生活，恐惧单调的日子。

还没做好当爸爸的心理准备。

一个完整的家庭一定会有一个孩子，不论是男人还是女人都是这么认为的（丁克除外）。但是大部分男人，在找到自己人生的方向前不会去考虑做一位爸爸，当然也就不会有结婚的打算，因为他们无力为这一切承诺。

对婚礼提不起兴趣。

婚礼的价值在男女眼中真的是天差地别，女人觉得那是自己最美的时刻，男人觉得那只是可有可无的形式。而且婚礼上的嘈杂与吵闹让他们觉得自己并不是婚礼的中心，参加婚礼的好友只是例行公事地来还人情。

事业未成。

有的男人事业心重，觉得一定要先立业后成家。他们觉得只有事业上有成就和经济上富足才可以构建一个良好的家庭环境。所以，只要他们还没有打拼出一片天地，那么结婚永远提不上日程。

担心婚姻会阻碍自己的梦想实现。

有的男人恐惧婚姻的原因是因为梦想，他们怕家庭会拖住自己追寻梦想的脚步。只要自己的梦想还在前方，那么婚姻就永远不会找上他的门。即便是周围的朋友都娶妻生子，在他眼里这都是胸无大志的小富即安。这是他心理上的执着，要他放弃很难。

父母不幸的婚姻在他内心留下阴影。

孩子童年的心理阴影大部分是父母不幸的投射。一对每天吵闹，动不动就大动干戈、棍棒相向的夫妻怎么能给孩子的童年留下好的印象呢？所以，有的男人不结婚，甚至是畏惧这个话题，很有可能是童年父母不和谐的投射。

担心婚姻会使女人变得不再可爱。

很多男人都怕更年期的女人，而且他们听说，女人结婚后会变得很可怕，不再可爱了。这样的悲观情绪会影响男人求婚的意愿。

所以，不要给男人太多的压力，他们需要消化，需要感受你的好，你对他的好会融化他恐婚的心。男人在很多时候像个小孩子，有自己喜欢的东西，也有自己不喜欢的东西，等他真的不害怕结婚时，他就会娶妻的。

谁是真正的情圣

英国的温莎公爵为了辛普森夫人而抛弃王位，把"情圣"的头衔颁给红色（红色性格的人，心理学上用"红、蓝、黄、绿"四色代替人的性格类型，各有优缺点）的他再合适不过了。不爱江山爱美人，其内心写照是"情爱"大于"名利"，感性战胜理性来支配行动的。所以红色更适合"感性"这个标签。

下面是关于作家李敖的一则轶事：当初他追求女生送了一捧玫瑰花，说："送你 18 朵玫瑰，仔细数数只有 17 朵，还有一朵就是你。"

　　从胡适到胡兰成，从"半为苍生半美人"文怀沙到被冰心誉为"最像一朵花的男人"梁实秋，从浪漫诗人郭沫若到天才诗人徐志摩、郁达夫，等等，以上情种、情痴、情圣，均以"感人心者，莫先乎情"为创作要旨。

　　再数小说中的人物，从《多情剑客无情剑》里的李寻欢，到《甄嬛传》里的八王爷，再到古龙小说中的陆小凤、楚留香，甚至连《神雕侠侣》里的杨过，这种以红色性格男性为主人公的小说，注定了小说的基本旋律，无一例外都有着情感上数不完的纠葛。

　　从徐志摩和郁达夫的身上，我们都可以感受到红色性格的人在情感上的丰富性，"浪漫多情"大多是指红色性格的人。正因此，胡适发出了"醉过方知酒浓，爱过方知情重"的感慨。这与郁达夫的"曾因酒醉鞭名马，生怕情多累美人"简直是一个模子里刻出来的。

恋爱三部曲：黏人、委屈、发作

　　恋爱中的人，都是多变的。对爱说笑话的红色性格的人来讲，只要看到别人不苟言笑，就会认为是你不开心，设法关心地询问或者逗你开心。而对蓝色性格的人而言，也许那时正在享受音乐或静读，非常痛苦于红色性格的人"总是玩笑般地拿走报纸，或时不时地说些笑话"的行为。

在蓝色性格的人看来，那些笑话根本就没有任何值得笑的地方。蓝色性格的人在自己的思想总被打断时会非常烦躁，当红色性格的人总重复这样的"低级错误"，终有一天蓝色性格的人的火山爆发了，而那时红色性格的人却陷入深深的委屈，于是双方大动干戈。

而当红色性格的人去黏黄色性格的人时，不同于蓝色性格的人那样只让痛苦和愤怒更多地在内心积压直到有一天彻底爆发，黄色性格的人通常当场开爆，更为猛烈。

总而言之，红色性格的人的吵闹与不停骚扰让蓝黄两种性格的人觉得厌恶，尤其是在压力状态下，两种性格的人都需要安静专注的环境。可红色性格的人却没有识趣地默默走开，他们显然还没有意识到他们"因黏而作"的问题严重性。

其实，红色与蓝色都是情感需求度极高的两种性格：蓝色性格的人更需要心灵的默契，假使不能满足，顶多只是折磨自己，而红色性格的人对情感的高度需求经常通过语言和体态来表达，假使不能满足，便开始折磨他人。他们一厢情愿地以为别人和他们一样，有时完全是真心好意，但由于太希望受到关注，结果搞得不可收拾。

因此说，无论是哪一种性格类型，都会认为自己做得对，但是却忽略了彼此的不同感受。

好婚姻，要靠好性格经营和守护

不同夫妻类型的不同婚姻测试

（1）传统型夫妻的婚姻测试

这是一个非常流行的组合，如果不小心随便丢个石头，就会打中传统型夫妻。可能是因为原本就性情相投，或是有彼此互相吸引的情愫，所以就走进结婚殿堂了。

在个性有点刚直，想要营建一个普通家庭的妻子眼中，诚实、有强烈责任感的丈夫是理想的人选。而在丈夫方面，对任何事都拼命去做的妻子，是个可以共同生活一辈子的好对象。

结婚之后，丈夫在外十分活跃，而妻子觉得丈夫非常值得依靠，会更努力地经营家庭，是一对传统而又安定的夫妻。

但是，在旁观者的眼里，好像精神抖擞的妻子会不顾温和的丈夫，一手掌管全家大大小小的事，容易让人联想成典型的老婆当家的夫妻，不过事实并非如此。实际上，丈夫会巧妙地遥控指挥妻子。

传统型夫妻的特征，莫过于"非常注重礼节"。婚丧喜庆就不用说了，而在过年过节相互赠送一些礼品的时候，为了避免在背后被人家指指点点，都会做到尽善尽美，这当然是一件好事，但是有点拘泥于形式的倾向。

处理人际关系的形式的确很重要，可是别忽略了自己的心意。不要只是形式上的交往，有时候也可以呼朋引伴邀大家到家里来玩，或到别人家拜访一下，互相交流。

对个性强的丈夫而言，即使妻子有收入也不会伤到自尊。因为知道表面坚强的妻子其实内心是很脆弱的，而且想一直受到自己的保护。做妻子的如果真的有心想做一些事，可以试着去说服丈夫。

丈夫在精神层面上都是妻子至上，而妻子不要忽略了尊重丈夫，如此一来，这是没有离婚疑虑的组合。如果不小心失去平衡，在乎面子的两个人则有可能会演变成"家庭内离婚"的局面。所以，在发生问题时，双方都应该努力解决才是。

（2）争吵型夫妻的婚姻测试

如果夫妻双方都是属于想说什么就说什么的直肠子型的人，尤其是妻子有什么事都喜欢夸张化的习惯，别人从妻子口中听到夫妻吵架的经过时，会不自觉地担心："这样的夫妻这么吵架，真的没关系吗？"事实上，这类夫妻的争吵是不用理的。因为就在你想"要怎么办？要不要劝架？"时，说不一定就会听到他们夫妻的恋爱史，就会觉得"什么嘛！白担心一场"。

这类夫妻都是属于非常有活力又外向的人，只要生活过得不错，就喜欢宴请宾客，给周围的人爱好热闹的印象。很多夫妻都喜欢交际，常常招待朋友开个家庭聚会，或相邀一起到处去玩。双方在别人面前依旧不改喜欢斗嘴的习惯，这对夫妻正是印证了"打是亲，骂是爱"这句话，这是两人都没有对对方失去兴趣的证据。

若在传统型的家庭里，总是呈现坐着不动的丈夫，以及细心的妻子在周围忙得团团转的景象，这样的家庭气氛会给人有趣的感觉。嘴上喜欢念叨丈夫不是的妻子，意外的是个非常有耐心、工作勤奋的人，也许是因为丈夫是强者而妻子是弱者的关系，但依照妻子的说法是："因为丈夫总是懒惰不肯动，还不如自己动手做来得快。"

一般属于强者的丈夫会有独裁者的气质，而原来就很女人化、温柔贤淑的妻子是不会太在意的，反而对镇定自若的丈夫，很多妻子视为"有男子气概、可以依靠的人"。对丈夫而言，有一位凡事不爱强词夺理又不抱怨，愿为自己付出的妻子，可以说是非常值得庆幸的。

相反地，如果传统型夫妻变得无话可说时，可能夫妻间已经存在危机。

强者的丈夫如果太过支配一切时，会造成妻子的反感而失去活力；一旦妻子对丈夫失去兴趣的话，甚至会连吵架的话题都找不到，就要建议这类型的夫妻，如果感到心情沉闷时，不妨重新审视两个人之间的关系。

活泼的妻子属于一旦待在家中就会感到压力的一类人。如果能够得到丈夫的理解，就会想把目前手上的工作继续做下去。但是，爱慕虚荣的丈夫，虽然嘴上说："想做什么就去做，没关系。"但会因妻子忙于工作而忽略家务，而渐渐地表现出不满的态度。

因此，建议想工作的妻子：要努力的是有效率地处理家务，尽可能不要加班比较好。当然聪明伶俐的妻子是属于能够同时兼顾家庭和事业的人，因此不需要特别担心。

不过，比起这点来，妻子更要注意的是夫妻俩对人际关系的交往方式。

不拘泥于一般礼节的妻子，对自己的朋友或熟人非常亲切；相反，对于原本应非常注重的亲戚间的往来或丈夫工作上的同事之交际，觉得"不擅长说一些拘谨的话"，而有逃避的倾向；但是很重视社会地位及习惯的丈夫则无法理解妻子的态度。遇到收到人家的贺礼却忘了写感谢函，自己一个人就没办法招呼亲戚时，丈夫对妻子的不信任感就会越来越高。因此，对于人际关系，做妻子的最好能遵照丈夫的指示，尽力去做到。

（3）大丈夫型夫妻的婚姻测试

在外积极活跃的丈夫与支持丈夫并把他照顾得无微不至的妻子之组合，容易成为"丈夫工作、妻子家庭"这样各自扮演好自己角色的夫妻，但稍微有一点传统的大男人主义的"味道"。大

性格影响力

男人主义后面加上"味道"，是因为那并不是丈夫凭一己之力造成的，而是为了满足气质强的妻子的希望所演出的缘故。

"结婚的话要辞掉工作，想当一个好太太。"有很多女性认为，与其工作要半途而废才能兼顾事业与家庭，倒不如专心做个家庭主妇，建立恬静舒适的家。

在这些女人的眼中，抱有野心埋首于工作，值得依靠的男人，是个让妻子愿意全心全意付出的好对象；对男人来说，温柔体贴，又很会照顾人的女人正是一个理想的妻子。两个人的希望完全吻合，是容易产生幸福组合的一对。

结婚之后，一方面妻子就会营造一个梦想中的家，会把家装饰得非常漂亮，每天的三餐和打扫完全有条不紊，可以称得上是一个模范的家庭主妇。当然，对于丈夫的健康或是服装打扮，更是用心周到。

另一方面，丈夫也很放心地把家交给这样的妻子，而尽量地在工作上发挥所长。对自尊心很强的丈夫来说，私底下默默地支持自己，并且忘我地为自己付出的妻子的存在，是最重要的精神支柱。所以才会有很多成为想让妻子开心，而对工作更拼命的丈夫。

对那样的丈夫而言，在背后鼓励支持"你一定会成功"的妻子之存在，可以说是精神上非常有力的支柱。在妻子的面前，丈夫就像一个大小孩。

但是，拥有像母亲一般影响力的妻子，对丈夫来说是非常庆幸的同时，有时也会有排斥、反感的存在。如果丈夫因为工作上的一些理由而没有回家，有外遇的征兆时，妻子可能就有必要反省一下，是否自己在无意间把丈夫逼得太紧了。

原本气质弱的人在强者面前总有一股被看透的感觉，容易感到喘不过气来。所以，妻子如果太过贤惠，把家中大大小小的事完全一手包办，那么也许容易让丈夫感到在家中没有立足之地。

但是，若因某些变故，便抛弃丈夫，失去了一直寄托的精神支柱的丈夫，则会因遭受打击而有可能一蹶不振，甚至会放弃一切，最后变成一个懦弱、没有气魄的男人。

跟表面上看似大男人主义的人正好相反，这种家庭的主导权仍在于妻子所拿捏的分寸。对丈夫的优点都了如指掌的妻子，只要对缺点睁一只眼闭一只眼，而只看好的一面，相信就能成为一对永浴爱河的夫妻。

（4）自我型夫妻的婚姻测试

自我型夫妻的家庭让熟人朋友都能轻松来访，有活泼自在的家庭气氛。他们都热情好客，家通常是他们的社交舞会现场。

但是，对于一些需要受到照顾的朋友或欢迎长辈亲戚时，就不适用这种方法。所以希望容易无视社交礼仪的自我型夫妻，最好不要忘了注重礼貌性的人际关系。

在接待重要的客人时，需要好好地准备一番，这是待人处世最基本的礼仪。还有一些节日的赠礼及婚丧喜庆，虽然很麻烦，但却不能省略；另外，也应该考虑年龄适合与否的问题。如果不知道该如何处理，询问婆家或娘家也是一种方法，不要感到不好意思。只要不忘记一些形式上的考虑，原本就和蔼可亲的自我型夫妻，必定会得到相当不错的评价。

所以，为了避免这样的情形发生，丈夫或妻子都在埋首于工作、家庭及孩子的教育之同时，应特别去留意发掘夫妻间共同的兴趣、嗜好或话题。但是，乐天而且遇到逆境也不畏艰难的夫妻，意外地在某些地方十分脆弱，就是一旦两个人各自发展自己的兴趣时，彼此的心就会越离越远，而且会破坏夫妻间的团结。如果发生这样的情形，原本就不拘泥于结婚制度的两个人，有可能很轻松地就考虑离婚的事。

（5）依赖型夫妻的婚姻测试

爱打扮又很有个性的妻子与朴实又非常认真的丈夫让人不禁怀疑他们真的适合吗？但其实结婚后过了一阵子，丈夫会成为引导妻子而且非常值得依赖的人，妻子会完完全全信赖丈夫，变得喜欢跟随在丈夫身后显得可爱。

这样的女人，非常敏感又体贴，比她还稳重又能下正确判断的男人，对她来说是非常有魅力的。即使婚后，仍不会隐藏他们的天真无邪，是个依然会好得十分火热的组合；就算是上了年纪，还是会牵手互相提携，就像洗洁剂广告中说的一直保持着新鲜感的夫妻。

很多容易受到伤害的妻子，只要能够在丈夫稳定的爱情中感受到一个安居之地的喜悦，就会把丈夫视为父兄般完全依赖；而妻子也会守着衷心依赖的丈夫，并建立一个幸福美满的家庭。

常识派的丈夫，虽然会有让很多人讨厌且引人注目的举止，但会尊重妻子与众不同的魅力，而且自己也会乐在其中。

不过，因为有的丈夫对妻子的行动力给予高度的评价，因此只会远远地注视妻子的行动。不管怎样，只要丈夫担任参谋顾问而由妻子去执行的话，必能让事情顺利进行，夫妻俩的感情也能发展得更稳定。

平常非常尊重丈夫判断的妻子，一旦因状况的改变而开始坚持己见时，稳重的丈夫就会变得焦躁不安，而且无法冷静地做出正确的判断。只要好好地思考一番，因家中经济状况的变化，妻子想出外工作也是无可厚非的事；而跟父母同住造成一些空间使用的问题，即使原本就知道是难以处理的事，一旦感情用事，就更难处理了。因此，一定要用热情好好处理。

完全依赖丈夫的妻子，即使在日常生活中也不会改变态度，凡事都会征询丈夫的意见，并且遵照其意思去做。

其实，聪明的妻子应该可以自己决定事情，但是绝对不会改变"唯丈夫是从"的立场。因为想要支持深爱的丈夫，同时自己又是个情绪善变、容易杞人忧天的人，对妻子来说，反而是件比较轻松的事。

当然，丈夫也要表现得非常好，每当妻子问"怎么办？"时，都能读出妻子的心思，同时给予妻子想要的答案。对丈夫来说，妻子的心情很容易了解，因此意见对立、激烈辩论的事很少发生。

不同性格夫妻的和美相处之道

夫妻的社会相容性是夫妻在世界观、价值观和人生观方面的相容。在人的社会特征方面包括文化水平、职业、工作态度、社会积极性、对社会和他人的态度、道德成熟程度、需求构成等。

价值观念的一致是夫妻相互理解的稳固基础，如果缺乏这种一致，那么夫妻之间的精神交流就会遇到很多障碍。一个人的价值观同他的志向、行为特点和社会表现的种种需求是密切相连的。

在我们的社会生活中，夫妻之间在需求构成和价值观念上如果互不相容，就会导致家庭破裂。如夫妻一方一味地追求超前的物质需求，终日忙于对住房、衣着、生活等必需品的获得，被膨胀的物质需求所征服；另一方却追求有益于社会的创造性劳动、求知、积极从事社会活动、在道德和审美方面进行自我修养等方面的精神需求，那么这种婚姻关系是很难维持下去的。

在社会相容性中还包括夫妻在职业和职务方面的相容性。这种相容性并非要求夫妻必须有同样的工作。但是工作和职业的不同常常会带来很多矛盾，如一方因公长期出差在外，而另一方需要留在家中。这样在某种程度上会影响夫妻之间的关系，影响婚姻的稳定和牢固。

然而，婚姻的冲突，往往都是由初期一些潜在的小问题开始的。正因为问题小，婚姻这块"跷跷板"的倾斜不明显，夫妻都不会太在意。这种小问题，很容易因双方的退缩而被掩盖过去，但其实"跷向一边"的问题没有得到真正解决。久而久之，一旦发生诸如孩子出生、工作挫折等重大事件，便会成为冲突爆发的导火线。那么，夫妻应怎样注意婚姻平衡并去巩固它呢？

（1）适度地让对方伤心

在两性交往的过程中，轻易承诺往往是爱情最大的杀手，因此适度地让对方伤心，可以让彼此的关系更具有弹性。但切记不要让对方陷入绝望，其中分寸的把握要视对方能够承受多少压力而定。例如，当恋爱的其中一方问起"你会爱我很久吗？"这类问题时，你若明知未来有许多未知变数，却反而对他唱起"爱你一万年"，只怕日后感情生变，徒然落下薄幸之名。然而，如果你的回答是"我会尽量，但不保证"。也许对方在乍听之时，心里会有些伤心，但是坦白的态度，将有助于情感转往更理性的路途发展及避免不必要的争吵。

（2）打情骂俏让人陶醉

谈起爱情，每个人都以为自己是最认真的，然而在两人亲密相处的过程中，太严肃反而会造成不必要的压力。带点幽默感的恋爱，反而让人回味无穷。对于有意交往或热恋中的男女，适度地打情骂俏，不时说些甜言蜜语，的确有助于情感的升华。

（3）在丈夫面前不妨愤怒一下

在男女交往的互动关系上，只有一方暗自生闷气或过度包容，只会更加招致心中怨气日渐堆积，终会爆发。其实，只要时间、地点、方式恰当，适时地发顿脾气可以发挥很大的效用，因为小小的愤怒，有助于管理及调整两性的关系。比起酸溜溜的冷嘲热讽，突如其来却适可而止的一顿脾气，对于爱情的主导权，反能收到立竿见影的效果。

（4）时常充实和更新自己

爱情也需要不断地给予对方新鲜感、惊奇感，因为恋人的关系若没进展，就是退步。所以，若要建立情人对你的爱情忠诚度，最好是时常给对方新鲜、惊奇的感觉，就好比突如其来的一份礼物，便能叫爱人备感温馨。

夫妻相互的容忍，是婚姻平衡不可缺少的因素。夫妻间最忌讳的是两个人都大声说话，只要多顾忌对方的想法，就不会闹得不可开交。就好像"情侣"的"侣"，这个字有两个口，但两个口是不一样大的，也就是一个"大口"，一个"小口"，这告诉我们，夫妻或情侣间当有一方大声讲话时，另一方就要小声一点。如果两个人都一样大声，恶语相向，最后演变成"言语暴力"，很容易就会出现大问题，到了后来，很可能一发不可收拾。

因此，夫妻双方就像坐在跷跷板的两端一样，各自都必须不断调整自己的位置，否则就无法达到稳定的关系。婚姻破裂的最主要因素，不是夫妻间的差异，而是无法适当地处理这些差异。所以，唯有相互容忍和适应，才能建立平衡的婚姻。

如何做个丈夫眼里完美的妻子

不同性格的女性都有着各自的光彩和缺陷，她们本身的差异反映到婚姻生活中，当然也会有所不同。不同的男人对自己的爱人有不同的需求。对男人而言，适合的就是最好的。以下是男性期望的女性。

（1）细心的女人

做事细心入微，是一个好妻子不可缺少的好性格。

心细的女人在各个方面都能为男人招来好运气。对于心细的女人来讲，丈夫不用多费口舌，她们能清楚地记得丈夫喜爱什么、不喜爱什么，知道丈夫需要什么、不需要什么。她们不仅在家庭生活中把自己的丈夫照顾得无微不至，即使在职场上，她们也能给予丈夫及时的帮助。

细心的女人往往在最关键的时刻显现出她的独到之处，她们平时并不张扬，显得深藏不露。比如细心的女人在家庭开支上精打细算，在家庭出现危机的时候，能把平日里积攒下来的钱拿出来帮助整个家庭和丈夫渡过危机。俗语说，细微处见真情，细心的妻子是丈夫最坚强的后盾。

（2）善解人意的女人

在传统观念中，虽然男性被赋予了坚强、刚毅、勇敢等性格特征，但是男人有时比女人更加脆弱和敏感，他们在人生的关键处也会迷茫、彷徨甚至误入歧途，但是他们固有的形象不允许他们在人前哭喊、吵闹或显露自己的脆弱和痛苦。现实生活中，激烈而残酷的竞争，使得男人同样在工作中备受煎熬，他们也有很多不如意的事和不开心的情况，这时就需要有一位善解人意、温柔体贴的妻子来安慰和鼓励他们。男人是永远不会把自己的痛苦外露的，他们习惯给自己戴上坚强的面具，但是过重的压力，有时也会让他们崩溃。所以，一个与他们有共同语言、能不时开导他们的好妻子对于他们来讲就是缓压剂，能在言谈间让他们放松心情，重新展露笑颜。

（3）宽容的女人

如果让男人选择终身伴侣，大部分男人可能会选择宽容大度的女人。宽容大度的女人不喜欢和别人斤斤计较，在和丈夫发生争吵时，不容易记恨，而且总是首先退让，向对方道歉。这样的女人其实很懂得生活。宽容大度的女人，懂得什么时候退让，她们有眼光，知道把握分寸，也能理解男人爱脸面的特点。在夫妻生活中，越是固执己见、不肯退让的女人，越是让人心烦，她们这样做只会让丈夫更加烦恼，更加不愿回家，而不会有别的结果。宽容大度的女人让丈夫既不忽略自己的存在，又不让自己的丈夫难堪，在大家都开心的情况下解决问题，使家庭越来越和谐、美满。

（4）会撒娇的女人

恋爱中的女人喜欢向男人撒娇，在她们看来，能被一个有着阳刚之气的男人爱着是值得自豪的事情。看着男人为自己做这做那，内心觉得暖洋洋的。而对于男人来说，有一个娇小、美丽的小女人在自己身边依偎，也是件很享受的事情，而能当美丽女人的护花使者更是值得夸耀的事。

撒娇是恋爱中不可缺少的调味料，它让女人变得更加娇媚，同时也激起了男人的保护欲，增强了他们的自尊心。现实生活中，有很多男人是因为自己的爱人有一副娇滴滴的声音而迷恋上对方的。进入婚姻生活以后，夫妻双方虽然没有了神秘感，但在男人看来，妻子仍然是娇小和需要保护的，所以很多男人对于婚后妻子变得坚强和不需要自己感到迷惑，他们会觉得婚前妻子的娇弱形象是一种假象，而自己也有一种上当受骗的感觉。针对这种情况，妻子应该懂得适时地向丈夫撒一下娇，而夫妻双方会感到初恋的温馨又回到了心间，烦闷的家庭生活又会焕发不一样的光彩。

（5）擅长烹饪的女人

俗话说："要想拴住男人的心，最先拴住男人的胃。"对于男人来说，口腹之欲是他们最难以割舍的情怀。许多男人可以抛弃七情六欲，但却难以抗拒一顿美味佳肴的诱惑。好太太必备的因素之一就是有一手好厨艺。许多男人们在劳累了一天之后，看到自己家里的温暖灯光就会感到胸中有一股暖流流过，这是因为他们知道在那灯光里有着自己爱的家人和一顿根据自己口味做的可口饭菜。男人其实是很容易满足的，一顿美味就能让他们对你念念不忘。

（6）能同甘共苦的女人

"风雨同舟"这个成语应该说的是与自己共患难的情况，每个人一生中能真正与自己共患难的也只能是自己的伴侣，夫妻二人在复杂的人世间一起艰难地摸索，无论是顺利或是不顺利都将是人生的宝贵财富。事实上，再坚强的男人都希望与自己的爱人分享自己的成功与失败，他们在成功之时，最希望的就是自己的爱人能为自己感到骄傲；而在受到挫折后，又希望自己的爱人能给自己几句最真挚的话语来抚慰自己受伤的心灵。

社会学者特曼曾就夫妻生活的状况，向许多夫妻进行过调查。后来，他又进行了个性测验和兴趣测验等，从而找到了"关于婚后幸福的心理学要素"。现在，将夫妻生活过得美满幸福的妻子的性格介绍如下：

①待人和蔼。

②希望别人对待自己也态度和蔼。

③不轻易发怒。

④不过分介意自己给别人的印象。

⑤不认为社会上人与人之间的关系就是竞争关系。

⑥始终愿意与人协作。

⑦即使被分配担任从属性的工作也不抱怨。

⑧能老老实实地听从别人的忠告。

⑨愿意为国家、社会和公众服务。

⑩能使人得到教益和愉快。

⑪愿意帮助需要帮助的人和不幸的人。

⑫对待工作一丝不苟、全力以赴。

⑬处理钱财小心谨慎。

⑭思想方面有点保守，表现出维护传统的倾向。

如何做个妻子眼里完美的丈夫

少女在刚开始接触爱情时，可能会被对方英俊、帅气的外形所吸引。但是对于成熟一些的女性来讲，男人表面的东西远不能满足女性精神内核中对他们最本质的寻求。也就是说成熟的女性在选择对方时，更加注重内在的素质，以下是女性期望的男性。

（1）沉稳内敛的男人

不沉稳的男人本身就像一个孩子，怎么可能去照顾别人呢？内敛是表现在为人处世、待人接物的方式上。沉稳是内在的修养，是具有很强包容心和忍耐力的性格特征。它需要丰富的人生阅历和生活经验，拥有这种特质的男人是饱尝了人生和事业艰辛的人，他们懂得珍惜眼前得来不易的成果，也拥有面对将来更多坎坷和挫折的勇气与力量。因此，他们也容易获取女人的信任。

（2）意志坚强的男人

意志坚强的男人总能让女性产生好感，因为在女人看来，意志坚强的男人是真正的男人，他们拥有很强的责任感和信任度。女性一般都很敏感，自己的情绪容易受外界的影响，显得多愁善感；她们容易被周围的环境所左右，本来决定好的事情也经常会发生变化；她们通常意志不坚强，对于任何事都缺乏坚持到底的毅力。这样的性格特征决定了女人们都希望自己的男友或者丈夫意志坚强，对事情有自己独立的观点和看法，不受环境与他人的影响。

（3）事业心强的男人

事业心强的男人通常都很受女性的欢迎。在女性看来，事业心强的男人更能使自己有安全的感觉。这种类型的男人都很理智，他们清楚地知道自己寻求的目标是什么，他们往往都相信逻辑、计划和提纲能解决一切问题。他们对任何事情都能全身心地投入，对工作的专注并不影响他们对爱情和婚姻生活的努力经营。在他们看来，事业和爱情是他们人生中都不可缺少的部分。这种类型的男人常常希望找一个与自己同样独立和专注于工作的女人，这样他们可以保持彼此的独立空间，即使有时分离也不会影响双方的感情。他们对过分依赖自己的女人没有好感，因为他们不希望为了照顾对方的情绪而影响自己的工作和心情。

事业心强的男人也有缺陷，那就是过度专注于自己的事业，而忽略了女友或是妻子的感情，使得双方没有交流的时间。这样时间一长，他们的伴侣也会因无法容忍他们的漠不关心而提出分手或是离婚。

（4）冷静独立的男人

每一个女人都希望自己的丈夫像《英雄本色》里的小马哥一样，在任何情况下，都能冷静处理并且愿意用他们的生命保护自己。这样的男人是女人心目中典型的白马王子，是女人从最初就开始梦想的理想恋人。一般人在突发情况下，可能会惊慌失措，所以冷静独立的男人就显得分外迷人了。

性格独立的男人也很有吸引力。一般而言，女人对男人的要求并不在于他们是否适应了周围的环境，而是看他们是不是能够表达出自己的主张或意见，也就是说女人更看中这个男人是不是有自己独立的想法，是不是能自己独立地完成一件事情。独立性弱甚至任何时候都无法自己独立做出决定而习惯依赖身边的人的男性，是不会讨女人喜欢的。

性格影响力

第四章

性格好的人，人气都不会差

——所谓会社交，就是性格好

练就性格磁场，赚足人气

给人格魅力加点磁性，吸引更多的人

美国著名成功心理学大师拿破仑·希尔博士说："真正的领导能力来自让人钦佩的人格。"积极、真诚、守信、勇敢……能将这些世人向往的因素集于一身者，其人格的魅力便会在无意间吸引许多人。

人格魅力究竟能创造多大的影响力？时代华纳总裁史蒂夫·罗斯给出了回答。虽然罗斯的生活沉浸在幻想之中，他的行事作风专擅独裁，但他绝不露出一副高高在上的模样，对谁都不会摆出一副盛气凌人的架势。他不会给人以妄自尊大的感觉，他能顾及别人的尊严。

得力干将达利是这样描述罗斯的"亲和力"的："罗斯对周围人的用心处处可见，他和每一位秘书都亲切地交谈。如果他离开时忘了向安或玛莉莎（达利的助理）道再见，他会说'天啊！

我忘了说再见'，然后再折回去。如果他留在公司而由安替他做任何事情的话，第二天就会有一打红玫瑰放在她的桌上。"为了和公司底层员工打成一片，罗斯可以说费尽了心思。他确实成功了，所有人都从内心深处尊敬他、感激他，并自动自发地追随他。

对于手下的得力干将，罗斯则另有一套方案创造信徒。他赋予部门主管绝对的自主权，他告诉他们犯错无妨，只要别太离谱。他鼓励主管要有自己就是老板的意识。罗斯言行如一，从不干涉主管的决策，他永远是他们的支持者。这种亲切、温厚、如慈父般的作风完全符合他的个性，并且深入人心。当其他同行的管理阶层因流动率太高而元气大伤之际，华纳的高级主管一律长期留任。每当罗斯的控制权受到来自合并的挑战时，他手下的主管便群起反对他的对手，从而帮助他渡过一次次的权力危机。

罗斯知道，要使员工真正成为自己的信徒，还必须给他们以实惠。无论如何，运用各种方式将公司的财富与同僚共享，对罗斯而言似乎是天经地义的事。谈起薪资、津贴和一些千奇百怪的福利措施，华纳可说是一应俱全，称得上真正的全能服务公司。罗斯的手下个个对他很敬佩，也对他很忠诚。除以上几点之外，罗斯获得人们信仰的保证是他迷人的梦想以及实现梦想的超凡能力所建立起来的良好信誉。"要与罗斯相处，就必须是他忠诚的信徒。一旦进入他的世界——那里强调的是忠诚，那么你的梦想（依照他的指示）都能够实现。"这便是罗斯人格魅力中的"磁性"所在。足见，充满"磁性"的人格魅力，才是聚集众人的精神力量。

当你带着动人的人格魅力站在别人面前时，无须聒噪的鼓动与召唤，他们也会紧紧地追随在你身边与你一起合作，从而也会赢得更多的成功机会。

品德为先，攒人品就是赚人气

任何一个成功者，都会在"德"字上下功夫。古人说："得道多助，失道寡助。"如果一个人缺乏道德，那么他一定会受到他人的鄙视。《左传》中说："太上有立德，其次有立功，其次有立言，传之久远，此之谓不朽。"意思为：最上等的，是确立高尚的品德；次一等的，是建功立业；较次一等的，是著书立说。如果这些都能够长久地流传下去，就是不朽了。这就告诉我们，要以道德来规范自己的行为，只有具备优秀品质的人，才能得到众人的帮扶，做成更大的事业。

在美国有一个广泛流传的故事：美国加州的数码影像有限公司需要招聘一名技术工程师，有一个叫史密斯的年轻人去面试，他在一间空旷的会议室里忐忑不安地等待着。不一会儿，有一个相貌平平、衣着朴素的老者进来了。史密斯站了起来。那位老者盯着史密斯看了半天，眼睛一眨也不眨。正在史密斯不知所措的时候，这位老人一把抓住史密斯的手："我可找到你了，太感谢你了！上次要不是你，我可能再也看不到我女儿了。"

"对不起，我不明白您的意思。"史密斯一脸迷惑地问道。

性格影响力

"上次，在中央公园里，就是你，就是你把我失足落水的女儿从湖里救上来的！"老人肯定地说道。

史密斯明白了事情的原委，原来老人把自己错当成他女儿的救命恩人了："先生，您肯定认错人了！不是我救了您女儿！"

"是你，就是你，不会错的！"老人又一次肯定地回答。

史密斯面对这个感激不已的老人只能努力解释："先生，真的不是我！您说的那个公园我至今还没去过呢！"

听了这句话，老人松开了手，失望地望着史密斯："难道我认错人了？"史密斯安慰老人："先生，别着急，慢慢找，一定可以找到救您女儿的恩人的！"

后来，史密斯被录取了，开始到公司上班。有一天，他在公司里又遇见了那个老人。史密斯关切地与老人打招呼，问他："您女儿的恩人找到了吗？""没有，我一直没有找到他！"老人默默地走开了。

史密斯的心情很沉重，对旁边的一位司机师傅说起了这件事。不料那司机哈哈大笑："他可怜吗？他是我们公司的总裁，他女儿落水的故事讲了好多遍了，事实上他根本没有女儿！"

"噢？"史密斯大惑不解。那位司机接着说："我们总裁就是通过这件事来选人才的。他说有德之才才是可塑之才！"

史密斯在工作中兢兢业业，不久就脱颖而出，成为公司市场开发部总经理，一年为公司赢得了 3500 万美元的利润。当总裁退休的时候，史密斯担任了总裁。后来，他谈到自己的成功经验时说："一个一辈子品德高尚的人，绝对会赢得别人永久的信任！"史密斯没有因为老人的"错认"而接受老人的感谢，从而成为总裁推荐的接任者。哈佛大学教授兼精神病专家罗伯特·科尔斯说："品格胜于知识。"一个有高德商的人，一定会得到他人的信任和尊敬，也自然会有更多成功的机会。

美国哈佛大学行为学家皮鲁克斯在《做人之本》中阐述了一个观点："做人不是一个定下几条要求的问题，而是要从自己的根本开始，把自己变成一个以德为本的人，否则你就绝不会赢得别人的信任，更谈不上成功的人生，反而早晚会让人生塌方的。"的确，做人必须从"德"字开始，树立有德之人的品牌，这样才能成大事。

品德对每一个人来讲都极为重要，品德是由种种原则和价值观组成的，它给你的生命赋予了方向、意义和内涵。品德构成你的良知，使你明白事理，而非只根据法律或行为守则去判断是非。正直、诚实、勇敢、公正、慷慨等品德，往往更能提升我们在交际中的吸引力。

注重自我的人品，对自己要求严格，就会给他人一种踏实可信的感觉，所以他人才会在交际中很自然地把我们当成朋友。而那些人品不好的人，别人在不了解他的情况下也许会把他们当成朋友，可是，一旦深入了解之后，人们自然会疏远他，并且可能对他心存防范。

与优秀的人在一起，多接触正面性格能量

与可爱乐观型一起欢乐

可爱乐观的人总是活泼开朗，看起来像长不大的孩子，他们总是在黑夜里把自己高高挂到星宿上，把月光一束束带回家。他们身上充满着无限的正能量，总能让自己活在快乐之中。

尽管可爱乐观型的人总是容易犯"自告奋勇"综合征，喜欢承揽一些他们原本不会去做的工作，总希望自己事事都能帮上一把，受大家欢迎，因此他们自告奋勇，不计后果，往往是无圆满的结果。

如果你认为可爱乐观型的人只会这些，那你就大错特错了，他们不仅天生拥有多姿多彩的创造力，而且可爱乐观型的人总是精力充沛，热情奔放，擅于吸引和启发别人。在他们眼中，这个世界上根本没有陌生人，伴随着一声"您好"，他们就成了你的朋友。

和这样正能量的人交往，你会觉得自己那点不开心的事情不过是生命中的一个小插曲，没什么大不了的，未来还是光明的、有希望的，生活很有滋味。

　　有一个女人，她贤淑善良，为人很好，但是不知道为什么周围的人对她总是敬而远之。一个东西摆在她面前，她总是看到不足，这不好那不好，对未来悲观绝望："以后一个人过了，不会有好男人""现在还这个样子，以后就更不行了"……一边固守现状一边抱怨生活，因为她不敢改变，她认为改变之后肯定不如现在，尽管现在也很糟糕。她觉得人生无趣，觉得活着很没意思，觉得心情灰暗……这样的人肯定灰头土脸，是无法美丽的。

　　每个人身上都是带有能量的，健康、积极、乐观的人带有正能量，和这样的人交往能将正能量传递给你，令你感受到那种快乐向上的感觉，让你觉得活着是一件很值得、很舒服、很有趣的事情。

　　装了一半水的杯子，乐观的人看到的是半杯水，悲观的人看到的是半个空杯——无论你怎么看，那个杯子都是装了一半的水，不以你的意志为转移，不如让自己满足一点、快乐一点好了。如果你想让自己更好地享受生活中的阳光，那就张开双臂与可爱乐观型的人一起欢乐。

与完美忧郁型的人一起井井有条

这个世界上，有可爱乐观型的外向型性格的人，就有完美忧郁型的内向型性格的人。如果说我们在可爱乐观型的人身上，学到的是乐观、积极向上的生活态度，那么我们在完美忧郁型的人身上学到的就是"井井有条"的生活态度。

完美忧郁型的人不似可爱乐观型的人那样喜欢说话，把所有情感都表露出来。相反，完美忧郁型的人有深度，爱思考，喜欢寻根问底，他们不会只满足于看到事物的表象，总要探求事物的内涵和真相。

他们很文静、随和，喜欢独处。他们自始至终认真依计划办事，他们从小就习惯于严肃认真，值得信赖。

我们在完美忧郁型的人生活中看不到过多的欢乐，那是因为他们并不认为生活有很多欢乐，也从不相信用微笑就可以迎接清晨的来临。他们只是性格内向，善于分析。尽管如此，请不要忽视他们的重要性。因为当可爱乐观型的孩子弹完两次"练习曲"，便盖上琴盖玩去的时候，完美忧郁型的孩子却能够坐在钢琴前练几小时基本功，力求技术完美。因为完美忧郁型的孩子只要预见到将来的结果，便会对目前的事情一丝不苟。

如果你是一个可爱乐观型的人，在你活泼好谈话的前提下，一定不要忘了学习完美忧郁型的人爱思考、筹划、创造等长处。完美忧郁型的人是思想家，他们对待目标严肃认真。他们强调做事的先后次序，他们崇尚美感和才智。他们不会一时冲动，寻找刺激，反之，他们会为自己的生活做长远且最好的安排。

与平和冷静型的人一起放松

平和冷静型的人是个好听众，能够很好地聆听别人的倾诉。在小组中，平和冷静型的人更愿意听而不是讲。他们能保持安静，不用说一句话，相比其他气质型的人喜欢在需要时向人敞开心扉。活泼型尤其需要平和型的朋友当自己的听众。

也许，你总是因为他们的过于平和而忽略他们的存在。当其他人为自己的目标奋勇前进，他们总能坐下来给一个客观的意见。

有统计表明，有 80% 的被解雇的人不是因为不能胜任职务，而是缺乏与他人相处的能力。记住这一点，就很清楚为什么平和冷静型的人能平稳和有能力地保持工作，比其他气质类型的人要更胜一筹。所以说，无论是任何一个团体或者机构，如果你想使自己走得更长远一些，那就找一个平和冷静型的人陪伴你左右，因为他们会对事情的正反两面进行考虑，并给予一个平和且冷静的答案。

与权威急躁型的人一起行动

权威急躁型的人具有以下的特点：具有天生的领袖气质；迫切需要变化，同时意志坚强、果断决策；在通常的情况下，认为

性格影响力

自己是正确的，具有卓越的紧急情况处理能力。

权威急躁型的人讲究的是速度，追求更快、更高、更远，做起事来全身心投入。他们属于说干就干的人，如果有项任务吸引了他们，其立刻就会动手。他们是积极的多面手，这类人干什么都喜欢，并且还会全力投入。他们能灵活地掌控时间，对情况的变化反应迅速。

跟权威急躁型的人相处，最简单有效的方法就是：静下心来，不要让他们的速度干扰自己，并且坚持双向交流，帮助他们明确任务的轻重缓急，并协调整个计划的具体实施安排。要事先考虑好，哪些任务需要这类人敏捷的思维，给其提建议时，不妨诙谐地说，希望他们在不断飞速前进的同时也能回头鼓励一下落后者。你也许会发现，原来权威急躁型的人也能如此友善有趣、令人喜爱！

与权威急躁型的人追求速度恰恰相反，精细型的人做事情速度比较慢，但却稳定可靠。他们不怕程式化和细节性的工作，通常十分有条理，做事情按部就班。这对差异性显著的搭档能发挥令人惊喜的效果，权威急躁型的人可以激发精细型同事固有的热情，并表达对他们真诚的赏识。

在与管理型人的合作中，权威急躁型的人可以学会分派任务或拒绝不合理的要求，远离额外的负担，因为管理型的人尤其善于解决消磨时间的琐碎小事。需要注意的是：两种类型的人都追求速度，在合作中可能会出现一方的热情冲撞到另一方的情况。

权威急躁型和随意型的人在某些方面性格非常接近：尝试新事物，爱动脑子，不走寻常路。两者一旦在"头脑风暴"活动中相遇，常常会令人惊喜地碰撞出极富创造力的思维火花。然而，对于两者而言，最好的碰撞却是共同探寻"懒惰"的艺术。

我们每个人都是独一无二的，在人生伊始，就有着自己的组合成分，随着岁月的流逝，不断地被打磨，因而烙上了不同的印记。所以，了解我们的优点及如何发挥优点，了解我们的缺点及如何克服缺点，这才是最主要的。

没有跨不过的社交障碍，只有画地为牢的自己

远离让你永远也站不起来的自卑

自卑，就是自己轻视自己，看不起自己。自卑心理严重的人，并不一定就是他本人具有某种缺陷或短处，而是不能悦意容纳自己，自惭形秽，常把自己放在一个低人一等，不被自己喜欢，进而演绎成别人看不起的位置，并由此陷入不能自拔的境地。

自卑的人心情消沉，郁郁寡欢，常因害怕别人瞧不起自己而不愿与别人来往，只想与人疏远，他们缺少朋友，甚至自疚、自责、自罪；他们做事缺乏信心，没有自信，优柔寡断，毫无竞争意识，享受不到成功的喜悦和欢乐，因而感到疲劳，心灰意懒。

自卑的人大脑皮质长期处于抑制状态，中枢神经系统处于麻木状态，体内各器官的生理功能得不到充分调动，不能发挥各自的应有作用；同时，内分泌系统的功能也因此失去常态，有害的激素随之分泌增多；免疫系统失去灵性，抗病能力下降，从而使

人的生理过程发生改变，出现各种病症，如头痛、乏力、焦虑、反应迟钝、记忆力减退、食欲不振、性功能低下等，这些表现都是衰老的征兆所在。

也许我们每一个人都曾自卑过，这很正常，因为每一个人都或多或少有些自卑情绪。德国心理学家阿德勒认为，所有人在幼小的时候都有自卑感。因为一个人幼时生理机制还未完全发育，一切都要依赖成人才能生存。父母在他们的眼中是无所不能的上帝，看到成人处处优于自己，每个孩子都会产生自卑感。

"不胜任感和自卑感广泛存在于我们的世界里。"正如心理学家詹姆斯·道尔皮所说，"自卑存在于我们每个人特别是青少年的生活里，并困扰着我们。"

虽然自卑总是与我们为伍，但是那些专门致力于自卑心理研究的专家们告诉我们，自卑并非坏事，相反，它是所有人发展的主要推动力量，自卑感使人产生寻求力量的强烈愿望。

当一个人感到自卑时，就会力图去完成某些事情，以成功来克服自卑。达到成功后，人的内心会处于相对稳定的时期。而看到别人的成就之后，又会产生新的自卑，以促使自己取得更大的进步，以此周而复始。当然，自卑并不总是催人进步。如果一个人已经气馁了，认为自己的努力无法改变自己的处境，但又无力摆脱自卑感，那么，为了维护心理的健康（自我的统一），他就会设法摆脱它们。只是这些方法不会使他进步，他会用一种虚假的优越感来自我陶醉、麻木自己，这类似于阿Q精神。由于自卑者生活在自己虚设的精神世界里，而造成自卑的情境依然没有改变，因此，他的自卑感就会越积越多，其行为也就陷入了自欺当中，形成了自卑情结。

有的社会心理学家认为，自卑的产生是因为一个人不正确归因的结果。

一件事发生后，人总是会试图去分析产生这种结果的原因。但不同的人对同一件事情的评价往往是不同的。例如，同是输了一场篮球比赛，有的队员会认为这是己队的运气不好、场地不行、球不好等（外部归因），而有的队员可能会认为这是自己的实力不行，输球是必然的（内部归因）。自卑的产生往往就是将失败归结为自身的原因，与环境无关的结果。即只看到自己的不足，看不到自己的长处。

征服畏惧，战胜自卑，不能夸夸其谈，止于幻想，而必须付诸实践，见于行动。建立自信最快、最有效的方法，就是去做自己害怕做的事，直到获得成功。

（1）认清自己的想法

有时候，问题的关键是我们的想法，而不是我们想什么事情。人的自卑心理源于心理上一种消极的自我暗示，即"我不行"。正如哲学家斯宾诺莎所说："由于痛苦而将自己看得太低就是自卑。"这也就是我们平常说的自己看不起自己。悲观者往往会有抑郁的表现，他们的思维方式也是一样的。所以先要改变戴着墨镜看问题的习惯，这样才能看到事情明亮的一面。

（2）放松心情

努力地去放松心情，不要想不愉快的事情。或许你会发现事情真的没有原来想的那么严重，会有一种豁然开朗的感觉。

（3）幽默

学会用幽默的眼光看事情，轻松一笑，你会觉得其实很多事情都很有趣。

（4）与乐观的人交往

与乐观的人交往，他们看问题的角度和方式，会在不知不觉中感染你。

（5）尝试一点改变

先做一点儿小的尝试。比如，换个发型，画个淡妆，买件以前不敢尝试的比较时髦的衣服……看着镜子中的自己，你会觉得心情大不一样，原来自己还有这样的一面。

（6）寻求他人的帮助

寻求他人的帮助并不是无能的表现，有时候当局者迷，当我们在悲观的泥潭中走不出来的时候，可以让别人帮忙分析一下，换一种思考方式，有时看到的东西就大不一样。

（7）要增强信心

因为只有自己相信自己，乐观向上，对前途充满信心，并积极进取，才是消除自卑、促进成功的最有效的方法。悲观者缺乏的，往往不是能力，而是自信。他们往往低估了自己的实力，认为自己做不来。记住一句话：你说行就行。事情摆在面前时，如果你的第一反应是我行，我能做，那么你就会付出自己最大的努力去面对它。同时，你知道这样继续下去的结果是那么诱人，当你全身心投入之后，最后你会发现你真的做到了；反之，你如果认为自己不行，自己的行为就会受到这个意念的影响，从而失去太多本该珍惜的好机会。因为你一开始就认为自己不行，最终失败了也会为自己找到合理的借口："瞧，当初我就是这么想的，果然不出我所料！"

（8）正确认识自己

对过去的成绩要做分析。自我评价不宜过高，要认识自己的缺点和弱点。充分认识自己的能力、素质和心理特点，要有实事求是的态度，不夸大自己的缺点，也不抹杀自己的长处，这样才能确立恰当的追求目标。特别要注意对缺陷的弥补和优点的发扬，将自卑的压力变为发挥优势的动力，从自卑中超越。

（9）客观全面地看待事物

具有自卑心理的人，总是过多地看重自己不利、消极的一面，而看不到有利、积极的一面，缺乏客观全面地分析事物的能力和信心。这就要求我们努力提高自己透过现象抓本质的能力，客观地分析对自己有利和不利的因素，尤其要看到自己的长处和潜力，而不是妄自嗟叹、妄自菲薄。

（10）积极与人交往

不要总认为别人看不起你而离群索居。你自己瞧得起自己，别人也不会轻易小看你。能否从良好的人际关系中得到激励，关键还在自己。要有意识地在与周围人的交往中学习别人的长处，发挥自己的优点，多从群体活动中培养自己的能力，这样可预防因孤陋寡闻而产生的畏缩躲闪的自卑感。

（11）在积极进取中弥补自身的不足

有自卑心理的人大多比较敏感，容易受到外界的消极暗示，从而愈发陷入自卑中不能自拔。而如果能正确对待自身缺点，把压力变成动力，奋发向上，就会取得一定的成绩，从而增强自信，摆脱自卑。

别让自负提前注定了你的失败

"谦虚使人进步，骄傲使人落后。"在人生的道路上，狂傲自负很多时候会使人迷失方向，举步不前。

一个骄傲自负的人常会认为，一件事情如果没有了他，人们就不知该怎么办了。但实际上，这样的人总避免不了失败的命运，因为一骄傲，他就会失去为人处世的准绳，结果总是在骄傲里毁灭了自己。

自负的人总是把自己看得很重要，但事实上，少了他，事情往往可以做得一样好。所以，自负的人历来就是成事不足、败事有余。你要切记这样一个道理：自大是失败的前兆。

自负往往不是空穴来风，自大的人总有一些突出的特长。这些突出的特长，使他们较之别人有一种优越感。这种优越感累积到一定程度，便使人目空一切，不知天高地厚。深究其原因，大致可以归纳为以下几点：

（1）过分娇宠的家庭教育

家庭教育是一个人自负心理产生的第一根源。对于青少年来说，他们的自我评价首先取决于周围的人对他们的看法，家庭则是他们自我评价的第一参考系。父母宠爱、夸赞、表扬，会使他们觉得自己"相当了不起"。

（2）生活中的一帆风顺

人的认识源于经验，生活中遭受过许多挫折和打击的人，很少有自负的心理，而生活中一帆风顺的人，则很容易养成自负的性格。现在的中学生大多是独生子女，是父母的掌上明珠，如果他们在学校出类拔萃，老师又宠爱他们，就易滋生自信、自傲和自负的个性。

（3）片面的自我认识

自负者缩小自己的短处，夸大自己的长处。他们缺乏自知之明，对自己的能力估计过高，对别人的能力评价过低，自然容易产生自负心理。这种人往往好大喜功，取得一点小小的成绩就认为自己了不起，成功归因于自己的主观努力，失败归咎于客观条件的不合理，过分的自恋和以自我为中心，把自己看得与众不同。

（4）情感上的原因

一些人的自尊心特别强，为了保护自尊心，在挫折面前，常常会产生两种既相反又相通的自我保护心理。一种是自卑心理，通过自我隔绝，避免自尊心的进一步受损；另一种是自负心理，通过自我放大，获得自信不足的补偿。例如，一些家庭经济条件不好的学生，生怕被经济条件优越的同学看不起，便会假装清高，表面上摆出看不起这些同学的样子。这种自负心理是自尊心过分敏感的表现。

一个人不知道某个事物并不可怕——人不可能什么都知道，但可怕的是不知道而假装知道，知道一点就以为什么都知道。这样的人就永远不会进步，就像老爱欣赏自己脚印的人，只会在原地绕圈子。

当然，自负并非不可克服，只要我们自己努力并加上正确的方法，就肯定没有任何问题。

首先，接受批评是根治自负的最佳办法。自负者的致命弱点是不愿意改变自己的态度或接受别人的观点，虚心接受批评是针对这一弱点的改进方法。它并不是让自负者完全服从于他人，只是要求他们能够接受别人的正确观点，通过接受别人的批评，改变自己固执己见、唯我独尊的形象。

其次，与人平等相处。自负者视自己为上帝，无论在观念上还是在行动上都无理要求别人服从自己。平等相处就是要求自负者以一个普通社会成员的身份与别人平等交往。

再次，提高自我认识。要全面地认识自我，既要看到自己的优点和长处，又要看到自己的缺点和不足，不可一叶障目，不见泰山，抓住一点不放，未免失之偏颇。认识自我不能孤立地去评价，应该放在社会中去考察，每个人都有自己的独到之处，都有他人所不及的地方，同时又有不如人的地方，与人比较不能总拿自己的长处去比别人的不足，把别人看得一无是处。

最后，要以发展的眼光看待自负。既要看到自己的过去，又要看到自己的现在和将来，辉煌的过去只能说明你曾经是个英雄，它并不代表现在，更不预示将来。

有一个成语叫"虚怀若谷"，意思是说，胸怀要像山谷一样。这是形容谦虚的一种很恰当的说法。只有空，才能容得下东西，而自满，除了你自己之外，容不下任何东西。

生活中，我们常常不自觉地把自己变为一个注满水的杯子，容不下其他的东西。因而，学会把自己的意念先放下来，以虚心的态度去倾听和学习，你会发现大师就在眼前。

多疑是躲在人性背后的阴影

有一则寓言，说的是"疑人偷斧"的故事：一个人丢失了斧头，怀疑是邻居的儿子偷的。从这个假想目标出发，他观察邻居儿子的言谈举止、神色仪态，无一不是偷斧的样子，思索的结果进一步巩固和强化了原先的假想目标，他断定贼非邻子莫属了。可是，不久他在山谷里找到了斧头，再看那个邻居的儿子，竟然一点儿也不像偷斧的人了。

这个人从一开始就先下了一个结论，然后自己走进了猜疑的死胡同。由此看来，猜疑一般总是从某一假想目标开始，最后又回到假想目标，就像一个圆圈一样，越画越粗，越画越圆。最典型的恐怕就是上面这个例子了。现实生活中猜疑心理的产生和发展，几乎都同这种作茧自缚的封闭思路主宰了正常思维密切相关。

猜疑似一条无形的绳索，会束缚我们的思路，使我们远离朋友。如果猜疑心过重的话，就会因一些可能根本没有或不会发生的事而忧愁烦恼、郁郁寡欢；猜疑者常常嫉妒心重，心理比较狭隘，因而不能更好地与身边的人交流，其结果可能是无法结交到朋友，变得孤独寂寞，导致对身心健康的危害。

疑心重重，戴着有色眼镜看人，甚至毫无根据地猜疑他人的人，在猜疑心的作用下，会把被猜疑人的一言一行都罩上可疑的色彩，即所谓"疑心生暗鬼"。有些人疑心病较重，乃至形成惯性思维，导致心理变态。一个人如果心胸过于狭窄，对同事、朋友乃至家人无端猜疑，不但会影响工作、影响人际关系、影响家庭和睦，还会影响自己的心理健康。

猜疑是建立在猜测基础之上的，这种猜测往往缺乏事实根据，只是根据自己的主观臆断毫无逻辑地去推测、怀疑别人的言行。猜疑的人往往对别人的一言一行都很敏感，喜欢分析深藏的动机和目的，看到别人悄悄议论就疑心在说自己的坏话，见别人学习用功就疑心他有不良企图。好猜疑的人最终会陷入作茧自缚、自寻烦恼的困境中，结果导致自己的人际关系紧张，失去他人的信任，挫伤他人和自己的感情，对心理健康是极大的危害。英国思想家培根曾说过："猜疑之心如蝙蝠，它总是在黄昏中起飞。这种心情是迷惑人的，又是乱人心智的。它能使你陷入迷惘，混淆敌友，从而破坏人的事业。"因此，消除猜疑之心是保持心理健康的方法之一。

怎样矫正自己的猜疑心理呢?

（1）自信最重要

相信自己，相信他人。即在自己的心理天平上增加"自信"和"他信"这两块砝码。首先是"自信"。"自疑不信人，自信不疑人。"猜疑心理大多源于缺少自信。其次是"他信"，即相信别人，不要对别人抱偏见或者成见。当你怀疑别人的时候，一定要想想如果别人也这样怀疑你，你会是什么样的感受，这样去将心比心、换位思考就能真正去信任别人了。

注意调查研究。俗话说："耳听为虚，眼见为实。"不能听到别人说什么就产生怀疑，不要听信小人的谗言，不能轻信他人的挑拨。要以眼见的事实为依据。况且，有时眼见的也未必是实。因此，一定要注重调查研究，一切结论应产生于调查的结果。否则就会被成见和偏见蒙住眼睛，钻进主观臆想的死胡同出不来。

（2）坚持"责己严，待人宽"的原则

猜疑心重的人，大多对自己的要求不严、不高，对别人的要求倒多少有些苛刻，总是要求别人做到什么程度，不去想一想自己是否做得到。克服疑心病必须从严格要求自己做起，不要对别人有过高的要求，更不要因为别人达不到，就认为人家存在问题，那样必然会妨碍你对别人的信任。因此，坚持宽以待人，严于律己的原则，这也是克服猜疑心的一条重要途径。

（3）采取积极的暗示，为自己准备一面镜子

平时，不要总想着自己，想着别人都盯着自己。而要对自己说，并没有人特别注意我，就像我不议论别人一样，别人也不会轻易议论我。而且，只要自己行得正、站得直，又何必怕别人议论呢？有时不妨采用自我安慰的"精神胜利法"：别人说了我又能如何呢？只要自己认为，或者感觉到绝大多数人认为我是对的，我的行为是对的就可以了。这样，疑心自然就会越来越小了。

（4）抛开陈腐偏见

一位哲人说过："偏见可以定义为缺乏正当充足的理由，而把别人想得很坏。"一个人对他人的偏见越多，就越容易产生猜疑心理。我们应抛开陈腐偏见，不要过于相信自己的印象，不要以自己头脑里固有的标准去衡量他人、推断他人。要善于用自己的眼睛去看，用自己的耳朵去听，用自己的头脑去思考。必要时应调换位置，站在别人的立场上多想想。这样，我们就能舍弃"小人"而做君子。

（5）及时开诚布公

猜疑往往是彼此缺乏交流，人为设置心理障碍的结果，也可能是由于误会或有人搬弄是非造成的，因此一旦出现猜疑，与其自己去猜，不如开诚布公地和对方谈一谈，这样才能消除疑云，才能彻底解决问题。

性格影响力

自私的人没有朋友的同时也丢失了自己

自私的人心里永远只有自己，也只顾及自己的利益，容不得自己的利益有一丝一毫的损害，为了自己的利益可以去损害他人、集体、国家的利益，甚至不择手段地去获取。

其实，我们每个人都有自私的表现，也有无私的表现。人不可能是绝对自私的，也不可能是绝对无私的。

我们说，私欲是一切生物的共性，所不同的是其他生物的私欲是有限的，人的私欲是无限的。正因为如此，人的不合理的私欲必须要受到社会公理、道义、法律的制约，否则这个社会就不是正常的社会。

作为一个人，他的内心信守一种普遍的道德、法律的同时也有私心杂念，这是不矛盾的。如果人性中全是崇高的道德理念，人就不再是人而是神，如果人心中全是私心杂念，无崇高的道德理念，人就不再是人而是和动物没什么区别。其实，我们每个人或多或少都有自私的一面，它可以说是一种本能的欲望，人也确实要去满足这种欲望。

自私是一种近似本能的欲望，处于一个人的心灵深处。人有许多需求，如生理的需求、物质的需求、精神的需求、社会的需求等。需求是人的行为的原始推动力，人的许多行为就是为了满足需求。

但是，需求要受到社会规范、道德伦理、法律法令的制约，不顾社会历史条件，一味想满足自己的各种私欲的人，就是具有自私心理的人。自私之心隐藏在个人的需求结构之中，是深层次的心理活动。

正因为自私心理潜藏较深，它的存在与表现便常常不为个人所意识到。有自私行为的人并没有意识到他在干一件自私的事，相反他在侵占别人利益时往往心安理得。

个人的需求若脱离了社会规范，人就可能倾向于自私。自私自利的人往往自我敏感性极高，以自我为中心，对社会对他人极度依赖，并无休止地索取，而不具备社会价值取向（对他人与社会缺乏责任感）。

凡自私的人，都抱有这样的病态心理，即"他人即地狱""各人只扫门前雪，哪管他人瓦上霜""事不关己，高高挂起""有权不用，过期作废""利人者是傻子，利己者是聪明人""人不为己，天诛地灭"，这些心态逐渐变成一种流行的畸形心态。

由于社会制约机制尚不健全，某些自私自利的人确实从中捞到了一些好处，更使得自私之风盛行。自私导致腐败，导致极端的个人主义，导致社会丑恶现象的出现，它使得社会风气败坏，是违法违纪的根源。

自私之心是万恶之源，贪婪、嫉妒、报复、吝啬、虚荣等病态社会心理从根本上讲都是自私的表现。

因此，我们更应该充分发挥个人的主观能动性来克服自私的性格，可以用以下方式加以调试：

（1）内省法

内省法是构造心理学派主张的方法，是指通过内省，即用自我观察的陈述方法来研究自身的心理现象。自私常常是一种下意识的心理倾向，要克服自私心理，就要经常对自己的心态与行为进行自我观察。观察时要有一定的客观标准，这些标准有社会公德与社会规范和榜样等。加强学习，更新观念，强化社会价值取向，对照榜样与规范找差距，并从自己自私行为的不良后果中看危害找问题，总结改正错误的方式方法。

（2）多做利他的事情

想要改正自私心态，不妨多做些利他的事情。例如，关心和帮助他人、给希望工程捐款、为他人排忧解难等。私心很重的人，可以从让座、借东西给他人这些小事情做起，多做好事，可在行为中纠正过去那些不正常的心态，从他人的赞许中得到利他的乐趣，使自己的灵魂得到净化。

（3）回避训练

回避训练是心理学上以操作性反射原理为基础，以负强化为手段而进行的一种训练方法。通俗地说，凡下决心改正自私心态的人，只要意识到自己有自私的念头或行为，就可用缚在手腕上的一根橡皮筋弹击自己，从痛觉中意识到自私是不好的，促使自己纠正。

（4）学会节制

私欲这种东西，能否连根铲除呢？不能。世界上还没有这种一劳永逸的良方。

如何防止私欲的发作呢？有人说，只能节制。苏东坡给自己立下一条规矩："苟非吾之所有，虽一毫而莫取。"他给自己订下明确的原则：君子爱财，取之有道。不义之财，分文不取。有了这一条，对遏止自己的自私心理较为有效。

性格影响力

第五章

你与财富有约

——发现性格里的财富密码

性格决定你所拥有的财富

顽强与坚韧造就财富的卓越

美国前总统柯立芝在其晚年的人生回忆录中写道："世界上没有一样东西可以取代顽强和坚韧。才能不可以——怀才不遇者比比皆是，一事无成的天才也到处可见；教育也不可以——世界上充斥着学而无用、学非所用的人；只有顽强和坚韧，才能无往而不胜。"

坚韧指具备挫折忍耐力、压力忍受力、自我控制和意志力等；能够在艰苦的、不利的情况下，克服外部和自身的困难，坚持完成任务，在巨大的压力下坚持目标和自己的观点。

坚韧表现为一种坚强的意志，一种对目标的坚持。"不以物喜，不以己悲"，无论遇到多大的困难，仍千方百计完成。

相反，那些做事三心二意、缺乏韧性和毅力的人，没有人愿意信任和支持他，因为大家都知道他做事不可靠，随时都会面临失败。

但是，成功者却随时随地都坚持"自己拯救自己"的人生信条，因为，一个人要想成功，必须依靠自己的力量把自己变成坚韧者，因为人生本来就不是很舒适的。

人生能使懦弱的人变得刚强，也使恃强的人变得柔顺。

成功者都是以极大的忍耐力和意志力忍受着困苦，在艰辛中一点点地向前迈进，跌倒了再爬起来，最终达到成功的顶峰。

通常，人们往往信任那些意志坚定的人。意志坚定的人同样也会遇到困难、障碍和挫折，即使失败了，也不会一败涂地、一蹶不振。我们经常听到别人问这样的话："那个人还在奋斗吗？"也就是说："那个人对前途还没有绝望吧？"

永不屈服、百折不挠的精神是获得成功的基础。库雷博士说过："许多年轻人的失败都可以归咎于恒心的缺乏。"的确，大多数年轻人颇有才学，具备成就事业的种种能力，但他们的致命弱点是缺乏恒心、没有忍耐力，所以，终其一生，只能从事一些平庸的工作。他们往往一遭遇微不足道的困难与阻力，就立刻退缩，裹足不前，这样的人怎么可以担当重任呢？

因此，意志的刚柔相济、顽强进取，是一个人意志良好的表现。所以，要想成为一个真正的成功者，就一定要意志坚韧，在果断性、忍耐性和顽强性上磨炼自己是十分必要的。

所以，我们没有理由放弃、认命，创业固然难，但很多成功者也是从艰难开始的。

创业开始时会有很大的付出，因为你做的事情并不是简单的事情，没有保障，充满风险。你经常会遇到挫折，经常会失望，处于痛苦和沮丧之中。但是这却是一个充满刺激的过程，在这个过程中，你的能量得到最大限度的发挥，你会渐渐地变得顽强而坚韧。

成功者往往回忆的总是创业最初的那段日子。想起打地铺，已经松垮的肌肉就会马上收紧；想起用洗脸盆盛回锅肉，马上就会口水四溢，因为那是最艰难的，但也是最值得骄傲的。

诚信是一种无价的资本

让我们先来看这样一个故事：

1835 年，摩根成为伊特纳火灾保险公司的股东，因为这家小公司不用马上拿出现金，只需在股东名册上签上名字即可成为股东。这正符合摩根当时没有现金的境况。

然而不久，有一家投保的客户发生了火灾。按照规定，如果完全付清赔偿金，保险公司就会破产。股东们一个个惊慌失措，纷纷要求退股。

摩根认为自己应该为客户负责。于是他四处筹款并卖掉了自己的房产，并以低价收购了所有要求退股的股东的股份。然后他将赔偿金如数返还给了投保的客户。

一时间，伊特纳火灾保险公司声名鹊起。

几乎身无分文的摩根濒临破产。无奈之下他打出广告，凡是再想参加伊特纳火灾保险公司的客户，保险金一律加倍收取。

不料，客户却蜂拥而至。因为在很多人的心目中，伊特纳公司是最讲信誉的保险公司。伊特纳火灾保险公司从此崛起。

许多年后，摩根的孙子 J.P. 摩根主宰了美国华尔街金融帝国。

其实，成就摩根家族的并不仅仅是一场火灾，而是比金钱更有价值的信誉，也就是对客户的诚信。还有什么比让别人都信任你更宝贵的呢？有多少人信任你，你就拥有多少次成功的机会。信誉是无价的，用信誉获得成功，就如你用一块金子换取同样大小的一块石头一样容易。

忠诚、守信能帮助你的人生之舟在波涛汹涌的大海上移步航行，能让你得到更多成功的机会。

对于商人而言，如果从小没有养成遵守信用的习惯，那么就不可能取得别人的信任，生意也就很难做。

成功的商人经商就会把顾客当成上帝，当作衣食父母，是怎样也不能欺骗的。他们经商也是为了赚钱，希望他们的钱是顾客心甘情愿地送到自己的腰包里。他们认为顾客的利益是第一位的，只有维护顾客的利益，自己才有利益可言。

顾客对这种人，是心怀感恩的心情来他这里消费的，并将其视为自己最大的快乐。顾客也会把这种快乐告诉自己的亲友，让他们也来分享这种快乐。成功的商人永远都清楚，他的银行账户上的数字是他的顾客一笔一笔加上去的，只有顾客越多，他账户上的数字才会不断地增加。为了这个，他必须对客户诚信。

成功的商人经商，经营的是人品。他知道，连人都做不好的人，是什么也做不成的。他知道，只有能舍，才能得，付出和收获是他的手心和手背。他用自己的忠诚换取顾客的信任，他用自己的信誉赢得顾客的支持，把自己看作鱼，把顾客看作水。鱼的生命与生存都离不开水，这是经商的第一要义。

成功的商人对顾客诚信一次，就等于往自己的小舟之下注入一次水。本来很窄多礁的经商之航道，就会一帆风顺，使小舟变成大船，漂河过海驶入大洋，最后把自己的大船变成超级航母。

这就是典型的成功者做生意——首先是把自己经营好，然后再去经营他的生意，他不但做有形的东西，更注重无形的东西。

切记："小富靠谋，大富靠德。"

敢于冒险才能抓住更多的财富

没有人不想成为富有的人，也没有人不想拥有财富。但太多的人只是停留在"想"这个层面上，他们没有勇气去行动，因为他们害怕，他们害怕风险太大，但是，他们却不知道：

不冒险怎么成为百万富翁？

如果你也想成为百万富翁，那你最好多一点冒险精神。

在不确定的环境里，人的冒险精神是最稀有的资源。

世上没有万无一失的成功之路，世界是变幻莫测、难以捉摸的。所以，要想在波涛汹涌的人生中自由遨游，就非得有冒险的勇气不可。甚至有人认为，成功的主要因素便是冒险，它是致富的重要心理条件。

在成功者的眼中，生意本身对于经商者就是一种挑战，一种想战胜他人赢得胜利的挑战。所以，在生意场上，人人都应具有强烈的冒险意识。"一旦看准，就大胆行动"已成为许多商界成功人士的经验之谈。

电影界的骄子"华纳四兄弟"就是敢于冒险、不怕失败的强者。作为补锅匠的儿子，他们从做小生意起家。1904 年，兄弟合伙搞了一架电影放映机，从此开始与电影结缘。1912 年，迁居美国之后，虽然几经失败，大起大落，但仍不灰心。1927 年，终于成功地摄制了电影史上的第一部有声电影《爵士歌手》，华纳兄弟电影公司从此蜚声全球。商家的法则就是冒险越大，赚钱越多，特别是对于一个前人尚未涉足的市场领域，作为开拓者就更要冒风险。成功者就是这样的冒险家。当然，称冒险家不太时髦了，应该叫"风险管理者"。当机会来临时，他们会毫不犹豫。因为机不可失，时不再来，当一次风险管理者，说不定就会一鸣惊人！

其实，很多时候，挑战意味着机遇，冒险则意味着机会，所谓"风险越高，机遇越大"，而且好的机遇常常藏在风险的背后，而往往一个很小的机会也会改变人的命运。抓住这个机会也许成功，也可能失败，成功与失败都不是可以预见的，动手去做就意味着冒险，而当失败与成功都不可把握时，就更意味着风险。那么，如果遇到这样的机会，该怎么办？有的人抵上身家性命，成与不成在此一搏。赢了，他的人生就此改变；输了，也许是一败涂地，但同样也可以东山再起。一般的人，往往会望而却步，甘愿放弃机会，而勇敢的人就会知难而上，激流勇进。俗话说"谋事在人，成事在天"，只要我们在充分估计了自己的能力和各方面状况的情况下，不盲目冒进，大胆地去尝试，就能够取得令我们满意的结果。

没错，"幸运喜欢光临勇敢的人"，冒险是表现在成功者身上的一种勇气和魄力。

险中有夷，危中有利。要想有丰硕的结果，就要敢冒风险。冒险与收获常常是结伴而行的。有成功的欲望，却不敢冒险，怎么能够实现伟大目标？想要成功又怕担风险，往往就会在关键时刻失去良机，因为风险总是与机遇联系在一起的。可以说，风险有多大，成功的机会就有多大。由贫穷走向富裕需要的是把握机遇，而机遇是平等地铺展在人们面前的一条通道。不敢冒险的人常常会失掉一次次发财的机会。

理性的人拥有金钱的嗅觉

想要赚钱，就需要一定程度的直觉判断，也就是金钱的嗅觉。而这种嗅觉常常跟你的经营技巧无关。也许有人说："这种想法是错误的。生意必须依照经营理论或经营心理学才算科学，合理

性格影响力

的经营方法对生意是绝对有必要的。"这固然有道理，但直觉也相当重要，有时甚至起决定性作用。

面对激烈的社会竞争和经济竞争，没有金钱的嗅觉、缺乏赚钱的本领，是不会在激烈的经济竞争中取胜的。一般而言，金钱的嗅觉包括诸如心理的、言语的、交际的诸方面，是一种适于经济竞争和社会竞争的综合素质，并不限于精通一门技艺。

而理性的人之所以能拥有金钱的嗅觉是因为他们具有以下的一些特征和能力：

（1）兴趣产生动力

作为一个会赚钱的人，他首先必须具备的条件是对金钱的执着追求。对从事的事业有兴趣的人，才能在激烈的竞争中感受到无限的乐趣。同时，兴趣也是创意的根源，它会使我们发现无穷的改善方法。对金钱没兴趣的人，绝对不能做经营者，就是做了，也难以成功。而且一个理性的人能对自己有一个理性的分析，知道自己的优势在哪里、兴趣在哪里、这样就不会盲从。

（2）理性的人懂得科学地理财

理财，一方面要胆大，另一方面要心细，这就是所谓的胆大心细。把握事物轻重缓急，且具有敏锐的分析与处理能力，必能成功。和金钱有关的事都有危险性存在。因此，如果你时时刻刻都战战兢兢，那就不可能成功。同时，也需要你有极大的耐心来细心地处理与金钱相关的事情。

（3）理性的人讲究商业信誉

的确，每个人都希望有钱，这并没有错，但要获得钱财，必须有原则：不能违背人情义理和政策法规去牟取利益。在商海中奋斗，信用和商誉非常重要。而信用和商誉，必须经过长时间的努力才能获得。

（4）理性的人能在瞬间把握机会

在瞬息万变的商业社会里，把握时机、当机立断，比拖拖拉拉、一天开几次会议来得实际。与其把时间浪费在空谈上，不如看准机会，发挥决断的能力。如果过于慎重，反而会错失良机。虽然慎重是做生意的重要条件，但绝不是成功的必要因素。

（5）理性的人拥有对数字的敏感性

熟悉数据，加强数字观念，是赚钱的根本素质。假如你善于经营，那么平常就应熟悉数据，若临时抱佛脚，那就为时已晚。心算迅速，也可以促使你迅速地做出判断。

（6）理性的人懂得积累的重要

每个人都知道，小钱可以攒成大钱。但要实行，就有困难了，这需要持久的毅力和不变的决心。如果我们把每年收入的10%储蓄起来，不到几年就会是一个可观的数字。请注意，即使当我们非常需要用钱的时候，也尽量不要动用储蓄的钱，这对于我们长期维持储蓄的计划十分重要。

和气生财

　　和气生财。这是一句古老而百试不爽的生意经。待人和气，如果用于经商，则可以受到顾客的欢迎，改善商店与顾客的关系，提高商店信誉，促进成交，扩大销售，增加盈利。待人客气，才能增进个人的信誉度，改善个人的人际关系。人缘好了，机会自然滚滚而来。

　　而和气在实际中则主要表现为微笑和礼貌用语两大方面。圣人曾说过："人之初，性本善。"因此，人与人之间的心灵是可以相通的，而和气地对待他人是打开人与人之间心门的一把钥匙。只要你在日常生活中处处做到对人和气，那么，你一定会财源滚滚。"旅馆大王"康拉德·希尔顿就是一个和气生财的人。

　　美国"旅馆大王"希尔顿于1919年把父亲留给他的1.2万美元连同自己挣来的几千美元投资出去，开始了他雄心勃勃的经营旅馆生涯。当他的资产奇迹般地增值到几千万美元的时候，他欣喜而自豪地把这一成就告诉母亲，想不到，母亲却淡然地说："依我看，你跟以前根本没有什么两样……事实上你必须把握比5100万美元更值钱的东西，除了对顾客诚实之外，还要想办法使来希尔顿旅馆的人住过了还想再来住，你要想出这样一种简单、容易、不花本钱而行之久远的办法去吸引顾客，这样你的旅馆才有前途。"

　　母亲的忠告使希尔顿陷入迷惘：究竟什么办法才具备母亲指出的"简单、容易、不花本钱、行之久远"这四大条件呢？他冥思苦想，不得其解。于是他逛商店、串旅店，以自己作为一个顾客的亲身感受，得出了答案：用微笑和礼貌用语及身体语言来和气地对待顾客，哪怕是发生争执的时候，甚至可能是顾客错误的时候，都必须牢记"和气第一"的原则。

从此，希尔顿实行了微笑服务这一独创的和气经营策略。每天他对服务员的第一句话是："你对顾客微笑了没有？"他要求每个员工不论如何辛苦，都要对顾客投以微笑，即使在旅馆业务受到经济萧条的严重影响时，也经常提醒职工："万万不可把我们心里的愁云留在脸上，无论旅馆本身遭受的困难如何，希尔顿旅馆服务员脸上的微笑永远是属于旅客的阳光。"

因此，经济危机中幸存的 20% 的旅馆中，只有希尔顿旅馆服务员的脸上带着微笑。结果，经济萧条刚过，希尔顿旅馆就率先进入新的繁荣时期，跨入了黄金时代。

美国《商业周刊》主编卢·扬大谈到企业管理中顾客问题时说："大概最重要、最基本的经营管理原则乃是接近顾客，同顾客保持接触，从而满足他们今天的需要并预见他们明天的愿望。可是现在普遍忽视了这个基本前提。"美国的许多学者也通过对美国许多优秀公司的研究，总结出一句格言：优秀公司确实非常接近他们的顾客。企业如何接近顾客，微笑服务是法宝。

这也正好应了中国那句"和气生财"的话。因此，让自己的性格中多一些和气将有利于人缘和财缘的建立，这对成功也是一种助推剂。

那些风云人物的性格影响力

为什么性格决定领导力

2008 年，托马斯国际中国曾与中欧商学院中欧商业在线共同组织了一场关于领导力的研讨会，会议就领导力的问题做了一个调查。

这个调查覆盖了各种行业各种体制下的 11 家企业内的 100 位高级管理人员，访谈内容围绕着"造就领导力的关键时间"。此次调查，总共收集了 292 个故事，收集到 733 条管理经验（成功与失败都有）。在这各大数据的汇总下，得出一条结论——"领导者失败的七大原因"。

下面来看看这些原因与性格的关系。

第一条：领导力与人际关系。可以从这个角度来看：影响力就是领导力；影响力源于情商，而情商就是对性格的管理。有的人天生具有人格魅力，有的人决断力胜于常人，有的人亲和力自然吸引下属，有的人以原则和权威来获得他人的信服。有的人左右逢源、随心所欲，有的人即使很努力还是事半功倍。为什么？性格使然。

第二条：战略眼光。战略眼光和性格有什么关系？通常只是把战略眼光作为一种长期工作积累后对时局环境做出前瞻性的判断，应该是归为一种管理人的能力，归属到智商与经验。而与性格相关的能力都是归属情商的，它与性格并没有太直接的关系。但是从性格类型的角度去研究，可以发现某些性格类型的人总是能在正确的时间做出正确的判断和预测，与一些锱铢必较的类型形成鲜明对比。所以说，战略眼光与性格之间的关系还是很大的。

第三条：商业管理技能。如果商业管理技能是指行政管理、项目管理、销售管理、物业管理这些大的类别，追根溯源，都可以在某个管理者的能力上找到性格的烙印。

第四条：个性与个人风格。这本身就是性格，毋庸置疑。

第五条"专业技术"和第六条"经验"，与性格无关。

第六条：动机。假如把动机简单归为权力动机、亲和动机、成就动机等，不同性格类型的人其倾向性是不同的；但若要与其具体的价值观结合起来，我们很难得出一一对应的关系。

第七条：其他。

可以看到，性格在"领导者失败的八大原因"里占据了何等重要的位置。说"××决定××"总有些绝对，但唯有这样的表达可以彰显其重要性。比如"细节决定成败"，细节显然不是决定成败的唯一要素，但它却是最重要的因素之一。所以，当说到"性格决定领导力"的时候，一方面强调其重要性，另一方面也不得不承认性格与另外一些影响因素比起来，是最难改变的。

价值观可以改变吗？尽管价值观是在漫长的成长环境中决定的，它对领导力的影响有着最大的作用，因为它代表是与非等根本的原则问题。然而，价值观的确可以在一夜之间改变，比如许许多多的人突然间皈依了某种宗教。价值观的改变会直接影响态度的改变。情商可以改变吗？随着年龄的增长，情商一直是提升的趋势：年龄越大，我们越知道如何认知及管理自己的情绪、如何识别及影响他人的情绪。

经验，每一天都在积累；专业知识及技能，每一天都在积累。

智商，流体智力是先天的、难以改变；晶体智力却是习得的，会随着年龄的增加而增加。

现在你可以看出来，最难改变的是性格，因为"江山易改，本性难移"。

性格，各有各的优势，各有各的局限性，没有哪种性格能称为完美。即使是组合性格的人，也并不意味着通过互补就趋于完美。所以说，性格决定领导力，希望每个管理者可以像照镜子一样通过自我认知、自我觉察，从而进行自我调整、自我控制，进而改变领导方式。

史蒂夫·乔布斯是坏老板还是好老板

2011 年 10 月 5 日，那个全世界独一无二的史蒂夫·乔布斯永远地离开了我们。乔布斯凭借他的天才与努力，他的成就永远留在人们心中。1985 年乔布斯获得由里根总统授予的国家级技术勋章；1997 年成为《时代》周刊的封面人物；同年被评为最成功的管理者，是声名显赫的"计算机狂人"。2007 年，乔布斯被《财富》杂志评为年度最伟大商人。2009 年被《财富》杂志评选为十年美国最佳 CEO（首席执行官），同年当选《时代周刊》年度风云人物之一。

也许你不是"果粉"，从来都没有使用过 iPhone、iPod touch、iMac 等产品。即使这样，你也很难撇清与乔布斯的关系，因为他的魄力与创造力感染着世界上的每一个人。

即使天才如乔布斯，也有过被自己创立的公司炒鱿鱼的经历。也许你还记得，1983 年，28 岁的史蒂夫·乔布斯为了让当时的百事可乐总裁约翰·斯卡利加盟迅猛发展、市值已达 20 亿美元的"苹果"，说出了那句极具煽动性、注定要流芳百世的话——你是想卖一辈子"糖水"，还是跟着我们改变世界？斯卡利正是由于乔布斯的这句话，毅然决然地放弃"糖水"，投身于自己一窍不通的"苹果"。

正是由于斯卡利的加入，才有了两年后乔布斯的扫地出门。有人说是因为乔布斯粗暴的工作作风与麦金塔电脑走入危机，才使董事会对他的信心动摇，在经验丰富的斯卡利和年轻气盛的天才乔布斯之间选择了前者。

　　尽管没有乔布斯的"苹果"，并没有立刻倒下，反而出现了几年好日子。1995 年，当"苹果"日渐没落的时候，乔布斯却凭借皮克斯公司的成功，身家已达 10 亿美元。终于，乔布斯再次被没落的苹果公司请了回去。继而，他以远见卓识拯救了巨额亏损中的"苹果"，并改变了新时代人们的生活，成为这个世界中，当之无愧的英雄。

　　乔布斯把自己"被炒鱿鱼"的事情调侃成自己人生中"最棒的事情"。成功者的过去无论有多么的不堪，却总是充满着恰当的理由来解释这种传奇。也许，我们可以在他成功之后想当然地认为那是他生命中最有创造力的一个阶段。公司创始人被赶出公司是很罕见的事。假如仅仅因为当时 Macintosh 的滞销，断没有理由驱逐创始人，那么，董事会为什么会坚定地站在斯卡利一边？因为，乔布斯自命不凡的粗暴作风激怒了所有的人。所以，让他走不是因为业绩，而是因为性格。

　　看过《少年派的奇幻漂流》这部电影的人，都不难理解我们每个人身上的"善"和"恶"。性格犹如硬币，有正面必然有反面。我们热爱乔布斯，是因为我们热爱他身上的那个"天使"，他思路敏捷，奇思妙想不断，富有激情与鼓动力；我们讨厌乔布斯，是因为我们讨厌他身上的那个"恶魔"，他一意孤行，吹毛求疵，暴戾粗鲁。

　　斯卡利是一个内向而含蓄的人，尽管是他这样的 CEO，也难以驾驭乔布斯。但是，不可否认，他却改变了乔布斯。据说回归"苹果"的乔布斯性格变了许多，由火暴转向平静，由冷漠转向圆融。尤其向全世界展示"苹果"的新产品时，他显得从容不迫，谦和得体，风度翩翩。虽然我们谁也没有办法消除其身上的"恶"，最好的结果只不过是尽可能让正面显露出来，把反面掩饰起来。而当年的乔布斯显然放纵了自己的"魔性"，最终让最高决策层宁肯"放逐"这个百年难遇的明星式人物。这对双方都是一种损失，却也都是一种收获。

执着坚定的李开复

　　李开复 1961 年出生于台湾，是一位信息产业公司的执行官和计算机科学的研究学者。1988 年获卡内基梅隆大学计算机学博士学位。他的博士论文是世界上第一个"非特定人连续语音识别系统"。1998 年，李开复加盟微软公司，并随后创立了微软中国研究院（现微软亚洲研究院），曾被《麻省理工学院技术评论》评为"最火的计算机实验室"。2005 年 7 月加入 Google（谷歌）公司，并担任 Google（谷歌）全球副总裁兼中国区总裁一职。2009 年 9 月宣布离职并创办创新工场任董事长兼首席执行官。李开复还开发了"奥赛罗"（黑白棋）人机对弈系统，名噪一时。

　　李开复的童年无疑是幸福的。他在母亲的高度宠爱下无忧无虑地度过童年，11 岁后在美国文化的熏陶下自由自在地成长，至少在真正参加工作之前，李开复没有经历过真正意义上的磨难。正所谓老子的那句名言："祸兮福之所倚，福兮祸之所伏。"李开复真正进入大众视野，不是因为他的成功，而是一次对簿公堂，他从微软跳槽到谷歌，从而引发的两大公司对簿公堂的奇观，自此也提高了李开复在公众间的知名度。

也许李开复没有预料到自己的一次跳槽，竟然引发两大公司的对簿公堂。但我们从他的书《世界因你不同》中可以看到他最后在微软的"备感煎熬"和"价值的缺失感以及精神上的落寞占据了我的内心"。李开复离开微软只是时间的问题。

在那次微软天才跳槽到谷歌的浪潮中，鲍尔默决心要拿身为副总裁的李开复"杀一儆百"，矛头直指谷歌，甚至在李开复正式递交辞职信前就进行了起诉，可谓早有准备。

李开复深处两家巨头的夹缝中苦苦挣扎。他没有吴士宏的锐利与霸气，也没有圆滑与世故，但我们从他的那本书《世界因你不同》可以看出他的执着与坚定："母亲坚韧不拔、永不服输的性格谱写了她平凡却动听的人生乐章。这种性格深深地交融在她的血液中，此后的每个关键时刻，要做各种选择时，这种坚韧就会起决定性的作用。这也让我每每遇到困难时，总会抱着坚定的信念去放手一搏。因为我坚信，我的基因里有一种物质来源于我的母亲，它叫作'坚持'。"

李开复虽然深受美国文化影响，但是他却是一个非常低调的人，但低调不代表没有野心，他温顺的外表下可能是一颗不安分的心，甚至可能是一颗想要"世界因我不同"的心。李开复的抱负、见识、天赋，都使他既内向低调，又志存高远。尽管他知道微软是一家很伟大的公司，但谷歌的创新精神更吸引他。

李开复的低调一直让他遵循着"人不犯我，我不犯人"的原则，当他要为自己的名誉、前途、信念而战的时候，他义无反顾地走上了被告席，和谷歌一起经历了精疲力竭的 60 天。面对强大的对手，执着坚定的李开复为自己的荣誉和选择而战。

李宁：从奥运冠军到成功商人

作为 20 世纪 80 年代最著名的体育明星，李宁已经获得了终身荣誉。

作为商人，退役后的李宁创立了一个年销售额大约 20 亿元的李宁公司，2003 年该公司实现净利润人民币 9400 万元。

从奥运会体操冠军，到拥有亿元资产的商界名人，李宁堪称是从运动员转型到商人最具影响力的范例。

李宁公司的成功与李宁的个人品牌影响力有着重要的关系。那么，李宁是如何利用自己在运动生涯中创立的个人品牌提升一个公司的呢？

李宁是中国有影响力的运动员。他那著名的"托马斯全旋"和略带稚气的笑脸，曾经无数次出现在电视、报纸等媒体上。他曾经叱咤体坛，先后摘取 14 项世界冠军，赢得 100 多枚金牌，是中国迄今为止获得最多冠军的运动员。

但是，一个人不可能成为体育事业的常青树。

1988 年，汉城奥运会。李宁在比赛过程中从吊环上摔了下来。回到首都机场，失掉金牌的李宁黯然神伤，孤独地走过一条偏僻通道。健力宝集团老板李经纬在外面已经等候多时，适时地送上一束鲜花。自此，二李结下了深厚友谊。

选择体育行业来发展自己的事业，李宁在体育业界获得的良好个人影响力得到完美延伸。

1990 年的北京亚运会为"李宁"牌创造了一个横空出世的机会。李宁和李经纬联手策划，决定"以健力宝推动李宁牌，以李宁牌促进健力宝"。

李宁显示出高超的公关能力，利用个人的影响力和爱国主义诉求，击败了韩国厂商，健力宝夺得了亚运会火炬传递权。第一批面世的"李宁"牌运动服被选为第十一届亚运会圣火传递指定服装、中国国家代表队领奖服装及中外记者的指定服装。

经此一役，"李宁"牌奠定了江湖地位。

刚成立的李宁公司在没有任何市场经验的情况下，大胆地投身其中，从而一下子抓住了一个全新的体育理念，并随后以难得的魄力把这一理念积极应用于市场当中，而不仅仅是利用李宁本人的名人影响力，演化出一个新型的行业——体育用品行业，十几年来坚定不移地一直走下去，才终于有了今天的"李宁"，并避免了公司发展过程中可能的个人崇拜主义的滋生，敢于喊出"做世界的李宁"的口号。

这次的成功极大地增长了新生的李宁公司的实力，刺激了李宁的进取心。其后，"李宁"牌系列产品以不断翻新的创意和优良的品质逐渐赢得了众多荣誉，成为1991年以来中国体育代表团参加历次重大国际比赛的专用装备，从而结束了中国运动员穿外国名牌服装领奖的历史；李宁牌服装和运动鞋系列不仅被推选为中国明星产品，而且被评为全国服装行业十大名牌之一。

尽管选择体育行业，对于李宁个人影响力成功延伸到"李宁"产品影响力有诸多好处，但是李宁必须面对的一个问题是，人们想到李宁，可能会想到其在赛场上的叱咤风云，但很难想到物美价廉的"李宁"牌体育产品。

这就涉及一个品牌影响力联想的问题。

所谓品牌影响力联想是指消费者心目中与某品牌联系的一系列事物的组合。品牌影响力联想是品牌基本价值的重要表现。符合品牌影响力联想是品牌影响力延伸的基本原则。如果无法符合品牌影响力联想，那就只有改变原有品牌影响力的形象，从而改变消费者对品牌影响力的联想。

李宁在这方面有很多值得借鉴的做法。

他能做的第一件事情就是重回课堂，解决能力信任危机。作为一名运动员，其能力是属于运动场的，而要在商场上拼搏，别人对他不得不打一个大大的问号。面对社会对自己能力的怀疑，李宁有清楚的认识。1998年，35岁的李宁做出一个突然的决定：

性格影响力

脱身商海，进入北京大学法律系读本科。与那些不学无术的退役明星有显著的不同，年近不惑的李宁进入北大深造，并不是为了得到一个学位。在学习中，他似乎享受到了一种特别的乐趣。大二时，李宁到北大中国经济研究中心进修"经济学"，2000年李宁到北大光华管理学院进修EMBA（高级管理人员工商管理硕士）课程，两年后顺利毕业。虽然他兴趣广泛，但他在法学院的学习成绩相当优异。

北大光华管理学院EMBA中心副主任王亚菲评价李宁说，他是一个真正读书的人，读书很苦，但会读书的人懂得享受读书的乐趣。

在北大读书5年，李宁得到了他所想要的：一方面成功解除了社会舆论对体育明星经商能力的怀疑；另一方面他学到了自己需要的东西，1998年左右，李宁公司正经历一场销售下滑的危机，公司管理也存在许多不完善的地方。在李宁进入北大之后，公司的发展思路无疑更加清晰了。

这一系列行动表明，李宁公司不仅善于操作商业活动，更善于以实际行动设计自己的企业形象，并使两者相得益彰，循环递进。凭借坚持不懈的努力，李宁公司于2004年6月28日最终在香港上市，实现了资本的社会化。

总之，李宁运用自己在体坛中的影响力来开拓商海的影响力，成功地打造了"李宁"这个品牌。

第六章

性格好是身心
健康的王道

——好性格决定好身体

你的性格决定你的健康

性格与健康密切相关

研究资料表明，各种精神疾病，特别是神经官能症往往都有相应的特殊性格特征为其发病基础。例如强迫性神经症，其相应的特殊性格特征称为强迫性性格，其具体表现是谨小慎微、求全完美、自我克制、优柔寡断、墨守成规、拘谨呆板、敏感多疑、心胸狭窄、事后易后悔、责任心过重和苛求自己等。又如，与癔病相联系的特殊性格特征是富于暗示性、情绪多变、容易激动、耽于幻想、以自我为中心和爱自我表现等。有人以癔病为例，对精神刺激因素和特殊性格特征这两种因素在造成心理障碍过程中所起作用的相互关系，用一个长方形来表示。长方形中的一条对角线将其分为两个三角形，上方的三角形表示精神刺激因素，下方的三角形表示特殊人格特征。如果与癔病相联系的性格特征越明显，则只要有较轻微的精神刺激因素即可致病；相反，与癔病相联系的特殊性格特征越不明显，则需要有较强烈的精神刺激因素的作用才能致病。此外，精神分裂症被认为是与孤僻离群、多疑敏感、情感内向、胆小怯懦、较爱幻想等特殊性格特征密切相关。

有些人平时特别容易激动，生活中一遇到困难或稍有不如意的事情，就整天焦虑、紧张，还有恐惧感，这种性格的人很容易得病。

有的人生来乐观，而有的人却容易悲观失望，抑郁性格的人遇到一点不顺心的事就容易情绪消沉，对工作、活动丧失兴趣和愉快感，忧心忡忡，有时还有自杀念头，很容易得抑郁症。

性格与健康之间应该是互动的关系，我们常说的身心平衡，就是这个意思。一个人心情好了健康状况就会好，人的身体健康了心情自然也就会舒畅。

坚强的意志和毅力，能增强人体的免疫力。而免疫力又受到神经系统和内分泌系统的调节和支配。神经系统是由中枢神经（大脑）和周围神经组成。这两个系统通过神经纤维与激素来调节和支配免疫系统，而免疫系统同样对神经、内分泌系统有调节作用，相互调控使机体与外界保持动态平衡、维护身体健康。一旦某个环节发生故障，自身调节障碍，都可能对其他系统的功能产生影响而致病。

乐观、知足、友善的个性和恬淡、平和的心态，能刺激人体释放大量有益于健康的激素。大脑可以合成50余种有益物质，指令自身免疫功能，其功能状况往往决定人对疾病的易感性和抵抗力。乐观、知足、友善的个性和恬淡、平和的心态能刺激机体释放大量有益于健康的激素、酶，促进新陈代谢。

恐慌、自我封闭、敏感多疑、多愁善感，或过于争强好胜，或过分追求完美，都容易造成内心冲突激烈、人际关系紧张，这种状况会抑制和打击免疫监视功能，诱发或加重疾病。

俗话说："人非草木，孰能无情。"在我们生活的大千世界中，每个人都要面对许多人和事的变化，都要受到各种各样的刺激和影响。针对某一事物，不同的性格会表现出不同的情绪反应。情绪反应不仅要通过心理状态而且要通过生理状态的广泛波动实现。祖国医学把人的情绪归纳为七情：喜、怒、忧、思、悲、恐、惊。当这些精神刺激因素超过人的承受限度，或长期反复刺激，便会引起中枢神经系统的失控，内脏功能紊乱，从而引发疾病。

人的心态，尤其是情感和情绪是生命的指挥仪和导向仪。在一切对人不利的影响中，最使人颓丧、患病和短命夭亡的就是不良情绪和恶劣心境。相反，心理平衡、笑对人生，特别有利于身心健康。所以有人说："自信而愉快是大半个生命；自卑和烦恼是大半个死亡。"愉快的情感会使健康人不容易患病，而使患病者乃至危重病人也能得以康复，创造奇迹。

因此，我们说性格是生命的指挥仪和导向仪。保持良好的性格是促进健康的重要因素，是保证健康的重要秘诀。

心理影响生理

所谓"健康"包括身体健康和心理健康两大方面，而这两方面又是相互影响的，身体会影响到心理，而心理也会影响到身体。从科学的角度来说，不仅我们的心理不允许我们流露出脆弱来，我们的身体也不允许。如果你放任自己的不良情绪，身体就会乱了套。这是身体因你不够坚强而在"惩罚"你。

有这样的个案：考试即将来临，紧张繁重的学业压得小王喘不过气。这些天，她常莫名其妙地烦躁和焦虑，到了晚上，终于可以一个人静下来时，她却失眠了。

专家给小王安排了一个特殊的游戏课程。一种类似于耳机的微电极戴在小王的头部，耳机另一头用连线接在电脑上。启动程序，电脑屏幕上出现了游戏界面，随着轻松的音乐，小王逐渐放松，并进入游戏中，面对屏幕上滑稽可爱的动画，还有富有趣味性的提问，小王的脑电波信号传输到电脑设备上，用自己头脑中传出来的电波操纵着游戏进程，一路过关。

游戏结束后，紧张烦躁的症状没有了，整个人也彻底放松了。经历过几次这样的游戏课程，小王笑着说："这几天睡得可真香！"

这是生物反馈治疗。通过这种类似控制大脑思想的治疗，可以稳定患者的情绪，调整控制身体功能。

其实，早在 20 世纪就有学者对情绪波动对人体脑运动的影响做过研究。研究显示，当患者情绪忧郁、恐惧或易怒时，可显著影响脑的正常功能，脑活动也明显受到抑制。

由于人们对心理、精神障碍可以引起诸多的躯体症状认识不足，所以，很难想到这些消化不良、胃痛、腹泻等症状会是由心理、精神障碍引起的。

好性格是身心健康的"营养素"

现代人在很多时候、很多场合都会产生一些异常心理，虽说这些异常心理人人都有，是正常的心理现象，但是必须在其尚未完全异常前加以调适。现代人的心理失衡是一种不健康状态，已经成为一种社会问题。因此，必须设法摆脱心理失衡使思维正常运作，走出心灵的误区。

健康包括身体和心理两个方面，身体健康和心理健康一直是互相影响的。有个故事说，有两个人同去医院检查身体，一个查出患胃癌，一个查出患胃溃疡。被查出患胃癌者觉得死期将至，因此心如死灰，病情迅速加重，很快一命呜呼；而被查出患胃溃疡者因为觉得身体无大碍，心情顿觉轻松，病情也得到了缓解。一次他去复查，医生惊呼他创造了"癌症治疗的医学奇迹"，他这才知道自己原来得的也是胃癌，上次医生将他的检查结果弄错了。惊愕之后他恍然大悟，依然保持乐观态度，积极治疗和生活，继续创造新的"医学奇迹"。

一般人都知道，身体的生长发育需要充足的营养，事实上，心理"营养"也非常重要，若严重缺乏，则会影响心理健康。那么，人重要的心理健康"营养素"有哪些呢？

（1）最为重要的精神"营养素"是爱

爱能伴随人的一生。童年时期主要是父母之爱，童年是培养人心理健康的关键时期，在这个阶段若得不到充足和正确的父母之爱，就将影响其一生的心理健康发育。少年时期增加了伙伴和师长之爱，青年时期情侣和夫妻之爱尤为重要。中年人社会责任重大，同事、亲朋和子女之爱十分重要，它们会使中年人在事业、家庭上倍添信心和动力，让生活充满欢乐和温暖。至于老年人，晚年幸福是关键。

（2）重要的精神"营养素"是宣泄和疏导

无论是转移回避还是设法自慰，都只能暂时缓解心理矛盾，而适度的宣泄具有治本的作用，当然这种宣泄应当是良性的，以不损害他人、不危害社会为原则，否则会恶性循环，带来更多的不快。心理负担若长期得不到宣泄或疏导，则会加重心理矛盾，进而成为心理障碍。

（3）善意和讲究策略的批评，也是重要的精神"营养素"

一个人如果长期得不到正确的批评，势必会滋长骄傲自满、固执、傲慢等毛病，这些都是心理不健康发展的表现。过于苛刻的批评和伤害自尊的指责会使人产生逆反心理。遇到这种"心理病毒"时，就应提高警惕，增强心理免疫能力。

（4）坚强的信念与理想也是重要的精神"营养素"

信念与理想对于心理的作用尤为重要。信念与理想犹如心理的平衡器，它能帮助人们保持平稳的心态，渡过坎坷与挫折，防止偏离人生轨道，进入心理暗区。

（5）宽容也是心理健康不可缺少的"营养素"

人生百态，万事万物不可能都顺心如意，无名之火与萎靡颓废常相伴而生，宽容是脱离种种烦扰、减轻心理压力的法宝。

性格阳光，才有身心健康

性格阳光，身心才更健康

有一个企业老总，辛辛苦苦开创了一个大公司，却因为身体状况不得不停下工作进行休养。在休养的时候，他的妻子死了，他对自己的健康状况变得非常担忧，因为家中已经有好几个人死于瘫痪性中风，因此他认定他必会死于同样的症状，所以一直在这种阴影下极度恐慌地生活着。为了摆脱这种烦恼，他经常去找云崖禅师下棋，悟禅。

一天，他来到禅院与云崖禅师下棋。突然手垂了下来，整个人看上去非常虚弱，脸色发白，呼吸沉重，云崖禅师关切地问道："怎么了？"

"最后它还是来了，"老总乏力地说，"我得了中风，我的整个右侧瘫痪了。"

"你是怎么知道的呢？"云崖禅师问道。

"因为，"老总答道，"刚才我在右腿上捏了几次，但是一点感觉也没有。"

"可是，"云崖禅师笑道，"你刚捏的是我的腿啊！"

有时候我们会因为太紧张而对生活做出一些错误的判断。所以我们需要塑造一种阳光心态，修建一座内心的恬静房子，适当地放松和休息，它能消除你的忧虑和压力，使你精神焕发，并回归平静。每一个人的内心都有一处恬静的中心，从不受外扰移动，像轮轴的数学中心点一般，永远保持固定不动。我们所要做的，就是去发掘这个内心安静的中心点，并且定期退到里面去休息、静养、重整活力。很多人身体不舒服时，就总怀疑自己得了病，整天陷入恐慌之中。其实，大多时候，是些小病或者根本没有病，只不过是心病而已。心病还需心药医，不要猜疑自己的健康，要保持阳光的心态，心病自然就会消除。

一个老板拥有数亿家产，每天忙忙碌碌，终于在办公室里病倒了，必须马上住院治疗。"我怎么会有时间呢？"老板一听说医生建议他住院，立刻焦躁地回答，"还有多少事情等着我去裁决，没有我的话……""我们出去走走吧！"医生没有和他多说，亲自开车邀他出去逛逛。

不久，他们就来到近郊的一处墓地。"你我总有一天要永远地躺在这儿的。"医生指着一个个的坟墓说，"没有了你，你目前的工作还是会有别人接着来做。你死后，公司仍然还会照常运作，不会就此关门大吉。"他听后沉默不语。

第二天，这位在商场上叱咤风云的老板就向董事会递上辞呈，并住院接受治疗，出院后过着云游四海的生活。他的公司并没有倒闭，依然红红火火。

很多人总会习惯性地工作过度。他们在办公室工作很长的时间，下班之后，还提着满皮箱的公文回到家里，继续工作。对他们来说，工作并不是他们生活中的一部分，而是他们的生活就是工作。对一个普通人来说，这是相当大的负担。想要过美好的生活，一个人就必须工作、休息、睡觉，他应该把时间及注意力平均分配给每一天的这三个部分。拥有阳光心态的人都非常懂得爱惜自己的身体、守护自己的心灵，因为他们知道只有拥有健康的身心，才能拥有创造成就的资本。

阳光的真谛在于简单、快乐、富足

拥有阳光性格，我们才能够体会生命在辉煌时候的壮丽，才能让自己充满热量，让家庭充满温馨，获得健康人生。

为了拥有一种理想的生活，我们有必要塑造阳光心态。阳光心态的塑造并非我们想象的那么难，首要的是要理解阳光心态的真谛：简单、快乐、富足。

实际生活中，许多人为追求物质享受、社会地位、显赫的名声等，把自己变得庸碌而烦乱；很多人追求时髦、新潮、时尚、流行，让自己被欲望所束缚，其实质说穿了，就是物质享受和对较高社会地位的尊崇。受此驱使，人就会像被鞭子抽打的陀螺，忙碌起来——或拼命打工，或投机钻营，应酬、奔波、操心……你就会发现自己很难再有轻松地躺在家中床上读书的时间，也很难再有与三五个朋友坐在一起"侃大山"的闲暇，你会忙得忽略了自己孩子的生日，你会忙得没有时间陪父母叙叙家常……

这些让我们失去了简单的幸福，在复杂的社会中迷失了自我。

一位得知自己不久于人世的老先生，在日记簿上记下了这段文字："如果我可以从头活一次，我要尝试更多的错误，我不会再事事追求完美。我情愿多休息，随遇而安，处世糊涂一点，不对将要发生的事处心积虑地计算。可以的话，我会去多旅行，跋山涉水，更危险的地方也不妨去一去。过去的日子，我实在活得太小心，每一分每一秒都不容有失，太过清醒明白。如果一切可以重新开始，我会什么也不准备就上街，甚至连纸巾也不带一块。如果可以重来，我会赤足走在户外，甚至整夜不眠。还有，我会去游乐园多玩几圈木马，多看几次日出，和公园里的小朋友玩耍……只要人生可以从头开始，但我知道，不可能了。"

他是个地地道道、彻头彻尾的商人，活在尔虞我诈的商场，他倾尽全力、亲力亲为，弄得自己心力交瘁。为此，他总是能找到借口自我安慰："商场如战场，我身不由己，我身不由己呀！"直到临终老先生才彻底觉悟，生活不需要很多钱，简单、快乐、富足才是最珍贵的。

掌握阳光性格的真谛，并不是要你放弃追求，放弃劳作，而是说要抓住生活、工作中的本质及重心，以四两拨千斤的方式，去掉世俗浮华。

泰勒是纽约郊区的一位神父。

那天，教区医院里一位病人生命垂危，他被请过去主持临终前的忏悔。

他到医院后听到了这样一段话："我喜欢唱歌，音乐是我的生命，我的愿望是唱遍美国。作为一名黑人，我实现了这个愿望，我没有什么要忏悔的。现在我只想说，感谢您，您让我愉快地度过了一生，并让我用歌声养活了我的 6 个孩子。现在我的生命就要结束了，但死而无憾。仁慈的神父，现在我只想请您转告我的孩子，让他们做自己喜欢做的事吧，他们的父亲会为他们骄傲。"

一个流浪歌手，临终时能说出这样的话，让泰勒神父感到非常吃惊，因为这名黑人歌手的所有家当，就是一把吉他。他的工作是每到一处，把头上的帽子放在地上，开始唱歌。40 年来，用他苍凉的西部歌曲，感染他的听众，换取那份他应得的报酬。他虽然不是一个腰缠万贯的富豪，可他从不缺少快乐。他过着简单的生活，有着一颗容易满足的心。

泰勒神父在之后的一次演讲中讲到了这件事，他总结道："原来最有意义的活法很简单，就是做自己喜欢做的事，并从中发掘到一颗快乐、富足的心。"

其实，简单、快乐、富足的阳光心态是一种生活的艺术与哲学，它可以让我们的心暂时归于平静，在平静中反思自我、规划自我、继续轻松前行。

目前，许多人正在试着过一种"慢生活"，其中就体现了阳光心态的真谛：简单、快乐、富足——他们试着离开汽车、电子产品、时尚圈子，强调简化自己的生活。但是，他们并非完全抛弃物欲，而是要把人分散于身外浮华物上的注意力移出适当比例，放在人自身上、精神上、心灵情感上，过一种平衡、和谐、从容的生活。这种轻松的阳光式生活让他们体会到了生命的从容和淡定。

心中充满阳光，世界才会透亮

实际上，生活的现实对于我们每个人都是一样的，但一经各人心态诠释后，便代表了不同的意义，因而形成了不同的事实、环境和世界。心态改变，事实就会改变；心中是什么，世界就是什么。心里装着哀愁，眼里看到的是黑暗；心中装着阳光，眼里看到的是透明的光亮。所以，在这个复杂的世界，若想生活得泰然自得，多一点幸福，就应该抛弃已经发生的令人不痛快的事情或经历，在好心情下迎接新的乐趣。

有一天，詹姆斯忘记关上餐厅的后门，结果早上三个歹徒闯入抢劫，他们要挟詹姆斯打开保险箱。由于过度紧张，詹姆斯弄错了一个号码，造成抢匪的惊慌，开枪射伤詹姆斯。幸运的是，詹姆斯很快被邻居发现了，送到医院紧急抢救，经过 18 小时的外科手术以及长时间的悉心照顾，詹姆斯终于出院了。

事件发生六个月之后，有人遇到詹姆斯，问起当抢匪闯入时他的心路历程。詹姆斯答道："当他们击中我之后，我躺在地板上，还记得我有两个选择：我可以选择生，或选择死。我选择活下去。"

　　"你不害怕吗？"那个人问他。詹姆斯继续说："医护人员真了不起，他们一直告诉我没事，放心。但是在他们将我推入紧急手术室的路上，我看到医生跟护士脸上忧虑的神情，我真的吓坏了，他们的脸上好像写着'他已经是个死人了'！我知道我需要采取行动。"

　　"当时你做了什么？"那个人继续问。

　　詹姆斯说："当时有个护士用吼叫的音量问我一个问题，她问我是否对什么东西过敏。我回答：'有。'这时，医生跟护士都停下来等待我的回答。我深深地吸了一口气，喊着：'子弹！'等他们笑完之后，我告诉他们：'我现在选择活下去，请把我当作一个活生生的人来开刀，不是一个活死人。'"

　　詹姆斯能活下来当然要归功于医生的精湛医术，但同时也由于他令人惊异的态度。我们从詹姆斯身上学到，每天你都能选择享受你的生命，或是憎恨它。这是属于你的权利。没有人能够控制或夺去的东西，是你的态度。如果你能时时注意这个事实，你生命中的其他事情都会变得容易得多。

　　心情的颜色会影响世界的颜色。如果一个人，对生活保持一种阳光的心态，就不会稍有不如意便自怨自艾。现实生活中那些终日苦恼的人，实际上并不是因为他们遭受了多大的不幸，而是

性格影响力

因为他们的内心存在某种缺陷，对生活的认识存在偏差，由此导致他们精神上的萎靡和失落。唯有保持阳光心态的人，才称得上是坚强的人。他们在遭遇不幸时，面对世界依然会微笑、乐观，用积极的态度去面对、处理、放下、重生。唯有像他们一样，生活才会充满快乐、溢满阳光！

性格开朗，你的世界才会晴空朗朗

明代人陆绍珩说，一个人生活在世上，要敢于"放开眼"，而不向人间"浪皱眉"。

"放开眼"和"浪皱眉"就是对人生正反面的选择，"放开眼"代表着一种阳光的心态，而"浪皱眉"则代表着一种忧郁的心态。你选择正面，就能乐观自信地舒展眉头，面对一切；你选择背面，就只能是眉头紧锁、郁郁寡欢，最终成为人生的失败者。

一个性格阳光的人，他的人生态度是积极的，不管在工作中还是在生活上，都能很好地完成任务，因此这类人在这段时间里自我价值的实现也就相对比较多。自我价值实现得越多，自我肯定的成就感也就越多，这样就能拥有一个好的心情，形成一个良性循环。相反，一个心情忧郁的人悲观、抑郁，整天愁眉苦脸地面对生活，不管做什么事情都不积极，甚至错误百出，那么他的自我价值就会实现得越来越少，自我否定的因素就会增加，使心情更加消极抑郁，成了一个恶性循环。

有一个对生活极度厌倦的绝望少女，打算以投湖的方式自杀。在湖边她遇到了一位正在写生的老画家，老画家专心致志地画着一幅画。少女厌恶极了，她鄙薄地看了老画家一眼，心想：幼稚，那鬼一样狰狞的山有什么好画的？那坟场一样荒废的湖有什么好画的？

老画家似乎注意到了少女的存在和情绪，他依然专心致志、神情怡然地画着。过了一会儿，他说："姑娘，来看看画吧。"

她走过去，傲慢地睨视着老画家和他手里的画。

少女被吸引了，竟然将自杀的事忘得一干二净。她从没发现世界上还有那样美丽的画面——他将"坟场一样"的湖面画成了天上的宫殿，将"鬼一样狰狞"的山画成了美丽的、长着翅膀的女人，最后将这幅画命名为《生活》。

这时，老画家突然挥笔在这幅美丽的画上点了一些黑点，似污泥，又像蚊蝇。

少女惊喜地说："星辰和花瓣！"

老画家满意地笑了："是啊，美丽的生活是需要我们自己用心发现的呀！"

其实，少女和老画家看到的景色并没有根本的区别，仅仅是当时的心态有所不同。生活的美与丑，全在我们自己怎么看，如果你将心中的丑陋和阴暗面彻底放下，然后选择一种乐观积极的阳光心态，用心去体会生活，就会发现，生活处处都美丽动人。

悲观失望的人在挫折面前，会陷入不能自拔的困境；乐观向上的人即使在绝境之中，也能看到一线生机，并为此努力，不管他从事什么行业，他都会觉得工作很重要、很体面；即使衣衫褴褛不堪，也无碍于他的尊严；他不仅自己感到快乐，也给别人带来快乐。因此对他来说，生活到处都有明媚宜人的阳光。

既然世界的变化完全是由自己的感觉来决定的，那么，何不让自己永远保持阳光的心态呢？

安德烈小时候，不知道从哪儿得到了一堆各种颜色的镜片，他喜欢用这些有颜色的镜片遮挡眼睛，站在窗台上看窗外的风景。用粉红色的镜片，面前的世界便是一片粉红色；用蓝色的镜片，眼前就是一片蓝色；当用黄色的镜片的时候，世界又变成黄色的。用不同的镜片去看眼前的世界，世界便呈现不同的颜色。

这是在他小时候发生的一件事情。后来安德烈渐渐长大，每当遇到不高兴的事情时，他就会想起这件事情。他总是对自己说："世界并没什么不同，我可以决定这个世界的颜色啊！"

安德烈的故事给了人们很好的启示：既然你不能改变一些无法改变的东西，那就改变一下自己吧。

世界的色彩是随着我们情绪的变化而变化的，你拥有什么样的心情，世界就会向你呈现什么样的颜色。所以，别让悲观、消极挡住了生命的阳光，当你的心情开朗起来的时候，你的世界将会是朗朗晴空。

别让不良性格毁了你的身心

控制自己的暴躁，不要怒火中烧

能够自我控制是人与动物的最大区别之一。脾气的好坏，全在于自己。只要懂得克制，脾气这匹烈马就会被紧紧牵住，无法脱缰招惹是非。但克制只是治标不治本的方法，真正的良药在于拥有一个平和的心灵，只有平和才是脾气最好的转换器。

乔治·罗纳在二战期间被迫逃往瑞典，之前他曾在维也纳当过很多年的律师，人生阅历和生活阅历都很丰富。到了瑞典，他已身无分文，他必须找一份工作养活自己。

他学过好几种外语，既能说又能写，因而他想到一家进出口公司找份秘书工作。他给很多公司写信，表明了自己的想法，绝大多数公司回信告诉他，现在处于战争时期，他们不需要这类职员，不过他们已把他的名字存入档案。

其中有一封回信这样写道："你对我生意的了解完全错误，

你既错又笨，我根本不需要任何替我写信的秘书。即使需要，我也不会请你，因为你甚至连瑞典文都写不好，信里全是错字。"

乔治·罗纳读完这封信后怒火中烧，他简直要疯了。这个人也太讨厌了，自己的瑞典文写得狗屁不通，错误百出，还有资格指责别人，太狂妄了。于是他也写了一封信，想气气那个讨厌的家伙。

他转念又想：等一等，我怎么知道这个人说得不对呢？我学过瑞典文，可是它不是我的母语，或许我真犯了很多我不知道的错误。如果这样的话，我想找到一份工作，就必须努力学习。这个人可能帮我一个大忙，尽管他本意并非如此。他用这种难听的话表达意见，或许自有他的道理，我应该写封信感谢他一番。于是，他写了一封感谢信。

后来，他竟然被这家公司聘用了。

平息了怒火，换回了前程，有这样一种交换，你又何必抱着暴躁死守不放？

汽车大王亨利·福特的发迹就源于他的自我克制。

在亨利·福特还是一个修车工人的时候，有一次刚领了薪水，兴致勃勃地到一家他一直十分向往的高级餐厅吃饭。年轻的亨利·福特在餐厅里呆坐了差不多15分钟，没有服务生过来招呼他。最后，餐厅中的一个服务生看到亨利·福特独自一人坐了那么久，才勉强走到桌边，问他是不是要点菜。

亨利·福特连忙点头说是，只见服务生不耐烦地将菜单粗鲁地丢到他的桌上。亨利·福特刚打开菜单，看了几行，就听见服务生用轻蔑的语气说道："菜单不用看得太详细，你只适合看右边的部分（意指价格），左边的部分（意指菜名），你就不必费神去看了！"

亨利·福特惊愕地抬起头来，目光正好看到服务生脸上满是不屑的表情，当下使得亨利·福特非常生气。恼怒之余，不由自主地便想点最贵的大餐。但转念，又想起口袋中那一点点可怜微薄的薪水，不得已，咬了咬牙，亨利·福特只点了一个汉堡。

服务生从鼻孔中"哼"了一声，傲慢地收回亨利·福特手中的菜单。

在服务生离去之后，亨利·福特并没有因为花钱受气而继续恼恨不休。他反倒冷静下来，仔细思考，为什么自己总是只能点自己吃得起的食物，而不能点自己真正想吃的大餐？

亨利·福特当下立志，要成为社会中顶尖的人物。从此之后，他开始朝梦想前进，由一个平凡的修车工人，逐步成为叱咤风云的汽车大王。

人生需要"不以物喜，不以己悲"的平和，要做到处颓势不倒，处逆境不躁，心静若止水才能明察秋毫。静如止水还要守住一份寂寞，忍耐一份孤独。不要随波逐流，别人做成的事，你不要羡慕，因为你不一定能做。守住自己擅长的领域，保持一个平和的心态，不被外界纷扰打乱自己的心情。

沮丧会影响你的心脏

我们在日常生活中常常会遭受到坏情绪侵袭：忧郁、焦虑、恐慌、空虚、烦躁等。由于这些情绪时常存在，我们也习惯了，并不会对此加以重视。

但你有没有想过坏情绪可以损害你的心脏？这绝不是危言耸听。美国一项研究报告指出，无论男人或女人，心情沮丧与心脏病皆有关系，但男人因心脏病死亡的概率较高。

那为什么男人比女人会更容易死于心脏病呢？这与男人和女人的性格差异有着巨大的关系。尤其是在现代社会，社会对男人的要求很高，其压力也很大。而自古就有"男儿有泪不轻弹"的思想束缚着男人的情绪和压力的发泄，他们总是把压力和沮丧一直封闭在内心深处，久而久之，一旦爆发后果将不堪设想。而女人则不同，女人较男人更加感性，她们在面对压力或沮丧时可以毫无顾忌地大哭，而哭又正是一个人情绪和压力发泄的最好途径，也正因为如此，她们的心理往往比男人更健康。

沮丧与心脏病间显然有许多关联因素，包括沮丧的人更可能会有高血压的危险，也可能有更多心悸的问题等。

因此，一旦你沮丧的时候，一定要及时调整，早日从这种坏情绪中走出来。下面几种方法也许会对你有所帮助。

（1）自我设问法

通过自己设问自己回答，寻找产生沮丧的原因。

（2）元气恢复疗法

在心情特别沉闷时，为了驱散它，就要爽朗行事，行动要有自信，不要愁眉不展，而要挺胸、扬眉、谈笑风生、考虑振奋人心的事，提起精神，驱散心头沉闷，直到真正恢复元气。

（3）自我调整法

人们常因思考方法不对，学习习惯、工作习惯及生活方式不良而屡遭挫折，感到沮丧。对自己的思考、行为习惯和生活方式进行适当调整，以使自己适应变化的环境，也能有效地治愈沮丧症。

（4）色彩疗法

当一个人感到沮丧时，他会觉得眼前一片灰暗。一个沮丧的人如若老是待在屋里，更会产生被禁锢的感觉。色彩疗法对沮丧症患者能起到心理松弛的作用，有利于控制沮丧情绪。因此，应该在感到沮丧时多出去走走，在大自然中感受艳丽的颜色，从而驱赶沮丧的情绪。

失眠的困扰

一份统计资料显示，我国失眠症患病人数已达百万。在我国城市居民中，失眠症的发病率已高达 10%～20%。

人更多的是由于情绪紧张不安、心情抑郁，过于兴奋、生气愤怒等引起失眠。有学者研究发现，在 300 例失眠患者中，85%

的人是由于心理因素引起的。忧郁症、神经衰弱、精神分裂症的病人大多失眠。心理因素对失眠有着重要的影响，反过来失眠又影响到人的心理。失眠使人精力不足、精神萎靡、注意力不集中、情绪低沉，使人急躁、紧张、易发脾气，降低人的学习效率与工作效率。长期失眠有可能使人的感受能力降低，记忆力减退，思维的灵活性减低，计算能力下降，还会使人的情绪状态发生一些改变。失眠对人的心理影响程度不仅取决于失眠的长短和严重的程度，而且在相当大的程度上取决于失眠患者的心理状态和对失眠的认识态度。

在诸多因素之中，最重要的是心理、精神因素，它约占慢性失眠患者的半数。短时间失眠，常是因环境应激事件引发，而一旦这种应激逐渐消退，就可恢复正常睡眠；而长期失眠者，忧虑是失眠的最常见的病因。恐惧症、焦虑症、疑病症、强迫症与失眠的关系都很密切。

因此，如果要保持健康的睡眠，除了要有合适的环境外，我们的个人心态很重要。环境通常很难改变，而心态却可以做一定的调节，以有利于我们更好地休息。

睡眠最主要的还是一个质量问题。每天能够很好地睡上三四个小时要比脑子里乱七八糟地睡上10个小时都好。不管你遇到再烦恼的事，也应该睡个好觉，保持一个好的精神状态。

以下是几种有利于正常睡眠的合适心态和方法：

（1）拥有平静的心态、放松的心境、稳定的情绪。

（2）有规律地生活，遵守按时睡眠的习惯。

（3）意识到一天的生活和工作已结束，有休息的愿望，不把烦恼问题带到床上。

（4）临睡前喝一杯浓牛奶，牛奶有助于睡眠。

（5）放一些薰衣草香味的饰物在床头，薰衣草的香味可使人放松。

（6）可以在睡眠时进行数数一直到不知不觉地睡着。

（7）保证充足的睡眠时间，8小时为宜。

人生需要豁达

克服了狭隘的心灵犹如久旱后的甘霖，使人从琐碎的烦恼中挣脱，变得坦荡，变得清灵，变得心胸开阔。所谓：心无芥蒂，天地自宽。容纳须有一个豁达的胸襟。

落英在晚春凋零，来年又是灿烂一片；黄叶在秋风中飘落，春天又焕发出勃勃生机。具有豁达性格的人，即使在生命僵死之处，也能看到流过的法则，他们眼睛里流露出来的光彩会使整个人生都溢彩流光。在这种光彩之下，寒冷会变成温暖，痛苦会变成舒适。这种性格使智慧更加熠熠生辉，使美德更加迷人灿烂，使人性更加完美。

"如果你握紧一双拳头来见我，"威尔逊总统说，"我想我可以保证，我的拳头会握得比你的更紧，但是如果你来找我说：

'我们坐下来，好好商量，看看彼此意见相左的原因何在。'我们就会发觉，彼此差距并不那么大，相异的观点并不多，而看法一致的观点反而居多，也会发觉只要我们有彼此沟通的豁达、诚意和愿望，我们就能达成共识。"

大约在 100 年前，林肯就说过这个道理：

"当一个人心中充满怨恨时，你不可能说服他依照你的想法行事，那些喜欢骂人的父母、爱挑剔的老板、喋喋不休的妻子……都该了解这个道理。你不能强迫别人同意你的意见，但却可以用引导的方式，温和而友善地使他服从。"

有句格言："一滴蜂蜜比一加仑的胆汁更能吸引苍蝇。"如果你想说服一个人，首先要以一颗豁达明理之心来看待他的所言所行，然后才能晓之以理，动之以情。

1915 年，洛克菲勒是科罗拉多州最受人轻视的人。罢工在科罗拉多进行了两年之久。愤怒的矿工要求科州煤铁公司提高工资，该公司正属于小洛克菲勒所有。军队来镇压，发生多起流血事件。

然而，洛克菲勒却平静下来，以一篇充满大度的演说平息了即将要吞噬他的风暴，而且为他赢得了不少崇拜者。他友善的态度使得罢工工人回去工作，绝口不谈提高工资的事。

下面是这段著名演说的开场白，请注意他在字里行间所流露的善意。要知道，洛克菲勒演说的对象，前几天还想把他吊死在酸苹果树上；但他的话甚至比面对一群传教医生还要谦逊和蔼。他的讲词用了这些句子，像"我能到这儿来很荣幸""我拜访过你们的家庭""见过各位的妻儿""今天我们都是以朋友而不是陌生人的身份在此会面""友善互爱的精神""我们共同的利益""我能在此，完全靠了各位的支持捧场"。

"今天，是我一生中值得纪念的日子，"洛克菲勒开始演说。"这是我第一次有幸会见这家伟大公司的劳方代表、职员和监工，齐聚一堂。我可以告诉各位，我很荣幸到这儿来，而且有生之年将不会忘记这场聚会。

"这场聚会若在两星期以前召开，我对这里的大多数人一定很陌生，我只认得几张面孔。上周我有机会到南区煤矿所有的工棚去看了一遍，并且和各代表有过个别谈话，除了不在场的代表外，统统见过了；我拜访过你们的家庭，见过各位的妻儿，今天我们都以朋友的身份见面，不再是陌生人，我们之间已经有了友善互爱的精神，我很高兴有此机会和各位一起讨论有关我们共同的利益问题。

"既然聚会本来是由厂方职员和劳工代表共同参加，我能在此，全靠各位的支持捧场。因为我既非员工代表，也不是劳工代表；然而我深深觉得，我跟你们关系十分亲密，因为就某一点来说，我代表了股东和董事们。"

面对剑拔弩张的冲突，如果你发发脾气，对人家说一两句不中听的话，你会有一阵发泄的痛快感。但对方呢？他会分享你的痛快吗？你那火药味的口气、睚眦必报的态度，能使对方更容易赞同你吗？这个时候，只有豁达才能让你化险为夷，给你最丰盈的回报。

人生注定是一条坎途，一条不以任何人的意志为转移的路途，人这一辈子与其悲悲戚戚、郁郁寡欢地过，倒不如痛痛快快、潇潇洒洒地活。可人生一世，那么多的风风雨雨、坎坎坷坷，怎样才能活得洒脱自在？豁达就是其中的奥秘。豁达是一种超脱，是自我精神的解放，人要是成天被名利缠得牢牢的，得失算得精精的，树叶子掉下来都要悲伤，那还谈何超脱与豁达？豁达就要有点豪气，乍暖还寒寻常事，淡妆浓抹总相宜。

凡事到了淡，就到了最高境界，天高云淡，一片光明。人肯定要有追求，追求是一回事，结果是一回事。你就记住一句话：事物的发生发展都必须符合时空条件，有"时"无"空"，有"空"无"时"都不行，那你就得认了。人活得累，是心累，常唠叨这几句话就会轻松得多："功名利禄四道墙，人人翻滚跑得忙；若是你能看得穿，一生快活不嫌长。"

豁达是一种宽容，恢宏大度，胸无芥蒂，肚大能容，吐纳百川。飞短流长怎么样，黑云压城又怎么样？心中自有一束不落的阳光。以风清月明的态度，从从容容地对待一切，待到廓清云雾，必定是柳暗花明。

人生没有回程票，在人生的旅途中，只有豁达的人才能走出狭隘，拥有幸福，他们能随时随地背起自己的行囊，奔向远方陌生的旅程。

图书在版编目（CIP）数据

性格影响力 / 尚波著 . –– 北京：中国华侨出版社，
2020.6（2020.8 重印）
ISBN 978-7-5113-8196-5

Ⅰ . ①性… Ⅱ . ①尚… Ⅲ . ①性格—通俗读物 Ⅳ .
① B848.6–49

中国版本图书馆 CIP 数据核字（2020）第 069439 号

性格影响力

著　　者：尚　波
责任编辑：刘雪涛
封面设计：冬　凡
文字编辑：胡宝林
美术编辑：刘欣梅
经　　销：新华书店
开　　本：880mm×1230mm　1/32　印张：6　字数：139 千字
印　　刷：三河市新新艺印刷有限公司
版　　次：2020 年 7 月第 1 版　　2022 年 1 月第 4 次印刷
书　　号：ISBN 978-7-5113-8196-5
定　　价：35.00 元

中国华侨出版社　北京市朝阳区西坝河东里 77 号楼底商 5 号　邮编：100028
发 行 部：（010）88893001　　传　　真：（010）62707370
网　　址：www.oveaschin.com　　E－m a i l：oveaschin@sina.com

如果发现印装质量问题，影响阅读，请与印刷厂联系调换。